ADDITION AND
SUBTRACTION
PRACTICE PROBLEMS

Table of Contents

Part 1: Addition

Part 2: Subtraction

Part 3: Addition & Subtraction (Mixed)

Answer keys are provided at the back of the book.

Part 1
Addition

Assignment 1

1) 3
   + 4

2) 6
   + 0

3) 8
   + 5

4) 3
   + 6

5) 2
   + 1

6) 5
   + 1

7) 4
   + 5

8) 2
   + 9

9) 4
   + 1

10) 3
    + 7

11) 9
    + 7

12) 8
    + 4

13) 7
    + 7

14) 8
    + 0

15) 5
    + 6

16) 7
    + 2

17) 3
    + 8

18) 2
    + 3

19) 7
    + 8

20) 1
    + 3

Assignment 2

Name _____   Score _____

1)   7
  + 8

2)   9
  + 1

3)   8
  + 6

4)   9
  + 6

5)   6
  + 1

6)   2
  + 0

7)   7
  + 5

8)   4
  + 7

9)   9
  + 4

10)   4
  + 2

11)   5
  + 2

12)   6
  + 6

13)   8
  + 9

14)   4
  + 6

15)   9
  + 3

16)   5
  + 3

17)   7
  + 6

18)   8
  + 2

19)   9
  + 5

20)   3
  + 1

Assignment 3

Name _____

Score _____

1)   4
  + 5

2)   7
  + 3

3)   8
  + 9

4)   5
  + 5

5)   2
  + 6

6)   9
  + 4

7)   3
  + 0

8)   6
  + 5

9)   8
  + 1

10)   9
  + 2

11)   3
  + 2

12)   8
  + 6

13)   9
  + 0

14)   2
  + 5

15)   4
  + 7

16)   4
  + 4

17)   6
  + 1

18)   7
  + 2

19)   9
  + 6

20)   8
  + 4

Assignment 4

1)   5
       6
   + 4

2)   8
       3
   + 0

3)   9
       5
   + 5

4)   7
       1
   + 2

5)   4
       9
   + 1

6)   7
       3
   + 1

7)   6
       7
   + 5

8)   4
       2
   + 9

9)   8
       4
   + 1

10)   9
        6
    + 7

11)   3
        6
    + 7

12)   8
        3
    + 4

13)   2
        8
    + 7

14)   8
        4
    + 8

15)   7
        6
    + 6

16)   5
        6
    + 2

17)   5
        4
    + 8

18)   4
        1
    + 3

19)   3
        3
    + 8

20)   8
        9
    + 6

Adding three numbers, 0 – 9

Assignment 5

Name _____ **Score** _____

1)
$$\begin{array}{r} 3 \\ 5 \\ +\ 8 \\ \hline \end{array}$$

2)
$$\begin{array}{r} 5 \\ 4 \\ +\ 1 \\ \hline \end{array}$$

3)
$$\begin{array}{r} 9 \\ 9 \\ +\ 6 \\ \hline \end{array}$$

4)
$$\begin{array}{r} 7 \\ 1 \\ +\ 6 \\ \hline \end{array}$$

5)
$$\begin{array}{r} 9 \\ 6 \\ +\ 4 \\ \hline \end{array}$$

6)
$$\begin{array}{r} 9 \\ 2 \\ +\ 0 \\ \hline \end{array}$$

7)
$$\begin{array}{r} 4 \\ 4 \\ +\ 5 \\ \hline \end{array}$$

8)
$$\begin{array}{r} 8 \\ 6 \\ +\ 7 \\ \hline \end{array}$$

9)
$$\begin{array}{r} 6 \\ 8 \\ +\ 4 \\ \hline \end{array}$$

10)
$$\begin{array}{r} 6 \\ 9 \\ +\ 2 \\ \hline \end{array}$$

11)
$$\begin{array}{r} 8 \\ 9 \\ +\ 6 \\ \hline \end{array}$$

12)
$$\begin{array}{r} 9 \\ 7 \\ +\ 6 \\ \hline \end{array}$$

13)
$$\begin{array}{r} 4 \\ 5 \\ +\ 9 \\ \hline \end{array}$$

14)
$$\begin{array}{r} 7 \\ 3 \\ +\ 6 \\ \hline \end{array}$$

15)
$$\begin{array}{r} 2 \\ 1 \\ +\ 3 \\ \hline \end{array}$$

16)
$$\begin{array}{r} 5 \\ 0 \\ +\ 3 \\ \hline \end{array}$$

17)
$$\begin{array}{r} 9 \\ 6 \\ +\ 6 \\ \hline \end{array}$$

18)
$$\begin{array}{r} 9 \\ 4 \\ +\ 2 \\ \hline \end{array}$$

19)
$$\begin{array}{r} 8 \\ 6 \\ +\ 5 \\ \hline \end{array}$$

20)
$$\begin{array}{r} 7 \\ 8 \\ +\ 9 \\ \hline \end{array}$$

Adding three numbers, 0 – 9

Assignment 6

Name _____   Score _____

1) 8 1 + 5	2) 9 0 + 3	3) 7 6 + 9	4) 6 3 + 5	5) 4 3 + 6
6) 4 7 + 4	7) 2 7 + 0	8) 9 6 + 5	9) 8 8 + 3	10) 9 9 + 5
11) 3 0 + 3	12) 8 3 + 6	13) 6 6 + 1	14) 5 9 + 4	15) 9 1 + 7
16) 2 2 + 3	17) 5 4 + 1	18) 9 7 + 8	19) 7 8 + 6	20) 4 9 + 3

Adding three numbers, 0 – 9

Assignment 7

Name _____ Score _____

1) $8 + \underline{\quad} = 12$

2) $4 + \underline{\quad} = 4$

3) $3 + \underline{\quad} = 8$

4) $1 + \underline{\quad} = 9$

5) $5 + \underline{\quad} = 6$

6) $2 + \underline{\quad} = 4$

7) $8 + \underline{\quad} = 13$

8) $7 + \underline{\quad} = 16$

9) $9 + \underline{\quad} = 10$

10) $6 + \underline{\quad} = 14$

11) $4 + \underline{\quad} = 11$

12) $5 + \underline{\quad} = 9$

13) $1 + \underline{\quad} = 6$

14) $3 + \underline{\quad} = 3$

15) $6 + \underline{\quad} = 12$

16) $3 + \underline{\quad} = 5$

17) $9 + \underline{\quad} = 17$

18) $7 + \underline{\quad} = 10$

19) $3 + \underline{\quad} = 7$

20) $5 + \underline{\quad} = 11$

Find the missing number, 0 – 9

Assignment 8

Name _____   Score _____

1) $3 +$ _____ $= 10$

2) $8 +$ _____ $= 9$

3) $9 +$ _____ $= 14$

4) $7 +$ _____ $= 16$

5) $1 +$ _____ $= 4$

6) $2 +$ _____ $= 7$

7) $6 +$ _____ $= 14$

8) $6 +$ _____ $= 12$

9) $5 +$ _____ $= 8$

10) $4 +$ _____ $= 6$

11) $8 +$ _____ $= 11$

12) $6 +$ _____ $= 13$

13) $8 +$ _____ $= 17$

14) $8 +$ _____ $= 15$

15) $9 +$ _____ $= 13$

16) $4 +$ _____ $= 9$

17) $8 +$ _____ $= 16$

18) $7 +$ _____ $= 11$

19) $5 +$ _____ $= 13$

20) $2 +$ _____ $= 5$

Find the missing number, 0 – 9

Assignment 9

Name _____   Score _____

1) $8 + \underline{\hspace{1cm}} = 13$

2) $9 + \underline{\hspace{1cm}} = 12$

3) $8 + \underline{\hspace{1cm}} = 17$

4) $4 + \underline{\hspace{1cm}} = 8$

5) $2 + \underline{\hspace{1cm}} = 9$

6) $4 + \underline{\hspace{1cm}} = 5$

7) $4 + \underline{\hspace{1cm}} = 11$

8) $7 + \underline{\hspace{1cm}} = 13$

9) $9 + \underline{\hspace{1cm}} = 9$

10) $8 + \underline{\hspace{1cm}} = 16$

11) $3 + \underline{\hspace{1cm}} = 5$

12) $8 + \underline{\hspace{1cm}} = 14$

13) $6 + \underline{\hspace{1cm}} = 6$

14) $3 + \underline{\hspace{1cm}} = 8$

15) $9 + \underline{\hspace{1cm}} = 16$

16) $7 + \underline{\hspace{1cm}} = 10$

17) $1 + \underline{\hspace{1cm}} = 7$

18) $8 + \underline{\hspace{1cm}} = 15$

19) $9 + \underline{\hspace{1cm}} = 11$

20) $4 + \underline{\hspace{1cm}} = 10$

Find the missing number, 0 – 9

Assignment 10

Name _____   Score _____

1) $\begin{array}{r} 4 \\ + 5 \\ \hline \end{array}$	2) $\begin{array}{r} 7 \\ + 6 \\ \hline \end{array}$	3) $\begin{array}{r} 7 \\ + 8 \\ \hline \end{array}$	4) $\begin{array}{r} 1 \\ + 5 \\ \hline \end{array}$	5) $\begin{array}{r} 6 \\ + 9 \\ \hline \end{array}$	6) $\begin{array}{r} 2 \\ + 2 \\ \hline \end{array}$
7) $\begin{array}{r} 3 \\ + 8 \\ \hline \end{array}$	8) $\begin{array}{r} 4 \\ + 6 \\ \hline \end{array}$	9) $\begin{array}{r} 9 \\ + 9 \\ \hline \end{array}$	10) $\begin{array}{r} 3 \\ + 1 \\ \hline \end{array}$	11) $\begin{array}{r} 2 \\ + 3 \\ \hline \end{array}$	12) $\begin{array}{r} 3 \\ + 0 \\ \hline \end{array}$
13) $\begin{array}{r} 4 \\ + 4 \\ \hline \end{array}$	14) $\begin{array}{r} 6 \\ + 7 \\ \hline \end{array}$	15) $\begin{array}{r} 2 \\ + 0 \\ \hline \end{array}$	16) $\begin{array}{r} 8 \\ + 9 \\ \hline \end{array}$	17) $\begin{array}{r} 3 \\ + 9 \\ \hline \end{array}$	18) $\begin{array}{r} 5 \\ + 6 \\ \hline \end{array}$
19) $\begin{array}{r} 2 \\ + 7 \\ \hline \end{array}$	20) $\begin{array}{r} 8 \\ + 4 \\ \hline \end{array}$	21) $\begin{array}{r} 4 \\ + 7 \\ \hline \end{array}$	22) $\begin{array}{r} 6 \\ + 8 \\ \hline \end{array}$	23) $\begin{array}{r} 1 \\ + 2 \\ \hline \end{array}$	24) $\begin{array}{r} 8 \\ + 8 \\ \hline \end{array}$
25) $\begin{array}{r} 7 \\ + 5 \\ \hline \end{array}$	26) $\begin{array}{r} 4 \\ + 0 \\ \hline \end{array}$	27) $\begin{array}{r} 2 \\ + 8 \\ \hline \end{array}$	28) $\begin{array}{r} 2 \\ + 5 \\ \hline \end{array}$	29) $\begin{array}{r} 6 \\ + 0 \\ \hline \end{array}$	30) $\begin{array}{r} 2 \\ + 4 \\ \hline \end{array}$
31) $\begin{array}{r} 5 \\ + 5 \\ \hline \end{array}$	32) $\begin{array}{r} 1 \\ + 4 \\ \hline \end{array}$	33) $\begin{array}{r} 3 \\ + 3 \\ \hline \end{array}$	34) $\begin{array}{r} 6 \\ + 4 \\ \hline \end{array}$	35) $\begin{array}{r} 3 \\ + 2 \\ \hline \end{array}$	36) $\begin{array}{r} 6 \\ + 6 \\ \hline \end{array}$
37) $\begin{array}{r} 1 \\ + 8 \\ \hline \end{array}$	38) $\begin{array}{r} 5 \\ + 0 \\ \hline \end{array}$	39) $\begin{array}{r} 4 \\ + 3 \\ \hline \end{array}$	40) $\begin{array}{r} 2 \\ + 6 \\ \hline \end{array}$	41) $\begin{array}{r} 4 \\ + 8 \\ \hline \end{array}$	42) $\begin{array}{r} 5 \\ + 8 \\ \hline \end{array}$
43) $\begin{array}{r} 7 \\ + 7 \\ \hline \end{array}$	44) $\begin{array}{r} 4 \\ + 9 \\ \hline \end{array}$	45) $\begin{array}{r} 3 \\ + 7 \\ \hline \end{array}$	46) $\begin{array}{r} 7 \\ + 0 \\ \hline \end{array}$	47) $\begin{array}{r} 9 \\ + 2 \\ \hline \end{array}$	48) $\begin{array}{r} 1 \\ + 6 \\ \hline \end{array}$
49) $\begin{array}{r} 3 \\ + 6 \\ \hline \end{array}$	50) $\begin{array}{r} 1 \\ + 7 \\ \hline \end{array}$	51) $\begin{array}{r} 6 \\ + 3 \\ \hline \end{array}$	52) $\begin{array}{r} 9 \\ + 5 \\ \hline \end{array}$	53) $\begin{array}{r} 7 \\ + 9 \\ \hline \end{array}$	54) $\begin{array}{r} 8 \\ + 4 \\ \hline \end{array}$
55) $\begin{array}{r} 5 \\ + 9 \\ \hline \end{array}$	56) $\begin{array}{r} 4 \\ + 2 \\ \hline \end{array}$	57) $\begin{array}{r} 2 \\ + 9 \\ \hline \end{array}$	58) $\begin{array}{r} 3 \\ + 4 \\ \hline \end{array}$	59) $\begin{array}{r} 1 \\ + 9 \\ \hline \end{array}$	60) $\begin{array}{r} 3 \\ + 5 \\ \hline \end{array}$

Assignment 11

Name _____   Score _____

1) 2 + 3	2) 7 + 8	3) 3 + 3	4) 9 + 4	5) 4 + 5	6) 8 + 3
7) 5 + 9	8) 1 + 2	9) 9 + 0	10) 4 + 6	11) 5 + 8	12) 6 + 6
13) 8 + 9	14) 6 + 7	15) 2 + 2	16) 3 + 4	17) 7 + 9	18) 7 + 5
19) 6 + 8	20) 2 + 9	21) 1 + 3	22) 8 + 0	23) 4 + 7	24) 3 + 5
25) 4 + 8	26) 6 + 2	27) 6 + 9	28) 7 + 7	29) 2 + 4	30) 1 + 9
31) 2 + 5	32) 8 + 8	33) 3 + 6	34) 1 + 4	35) 5 + 7	36) 1 + 7
37) 6 + 4	38) 3 + 1	39) 5 + 4	40) 3 + 7	41) 9 + 6	42) 7 + 4
43) 2 + 6	44) 3 + 8	45) 9 + 9	46) 9 + 2	47) 1 + 5	48) 8 + 4
49) 1 + 8	50) 5 + 5	51) 4 + 4	52) 2 + 7	53) 4 + 9	54) 5 + 0
55) 9 + 5	56) 1 + 6	57) 3 + 9	58) 5 + 6	59) 4 + 3	60) 2 + 8

Assignment 12

Name _____   Score _____

1)   32
   + 40

2)   65
   + 13

3)   89
   + 10

4)   44
   + 33

5)   72
   + 11

6)   14
   + 45

7)   28
   + 20

8)   37
   + 52

9)   43
   + 31

10)   53
   + 16

11)   61
   + 27

12)   77
   + 21

13)   84
   + 11

14)   31
   + 11

15)   12
   + 64

16)   26
   + 42

17)   34
   + 33

18)   42
   + 16

19)   58
   + 20

20)   29
   + 10

Assignment 13

Name _____

Score _____

1) $\begin{array}{r} 71 \\ + 18 \\ \hline \end{array}$ 2) $\begin{array}{r} 62 \\ + 24 \\ \hline \end{array}$ 3) $\begin{array}{r} 83 \\ + 15 \\ \hline \end{array}$ 4) $\begin{array}{r} 54 \\ + 23 \\ \hline \end{array}$ 5) $\begin{array}{r} 65 \\ + 20 \\ \hline \end{array}$

6) $\begin{array}{r} 76 \\ + 12 \\ \hline \end{array}$ 7) $\begin{array}{r} 87 \\ + 11 \\ \hline \end{array}$ 8) $\begin{array}{r} 14 \\ + 52 \\ \hline \end{array}$ 9) $\begin{array}{r} 29 \\ + 30 \\ \hline \end{array}$ 10) $\begin{array}{r} 34 \\ + 22 \\ \hline \end{array}$

11) $\begin{array}{r} 50 \\ + 30 \\ \hline \end{array}$ 12) $\begin{array}{r} 26 \\ + 13 \\ \hline \end{array}$ 13) $\begin{array}{r} 35 \\ + 11 \\ \hline \end{array}$ 14) $\begin{array}{r} 47 \\ + 32 \\ \hline \end{array}$ 15) $\begin{array}{r} 15 \\ + 43 \\ \hline \end{array}$

16) $\begin{array}{r} 21 \\ + 16 \\ \hline \end{array}$ 17) $\begin{array}{r} 72 \\ + 21 \\ \hline \end{array}$ 18) $\begin{array}{r} 25 \\ + 22 \\ \hline \end{array}$ 19) $\begin{array}{r} 69 \\ + 10 \\ \hline \end{array}$ 20) $\begin{array}{r} 13 \\ + 51 \\ \hline \end{array}$

Assignment 14

Name _____   Score _____

1)   14
  + 15

2)   37
  + 31

3)   18
  + 41

4)   51
  + 18

5)   70
  + 27

6)   83
  + 11

7)   12
  + 51

8)   33
  + 24

9)   25
  + 33

10)   52
  + 10

11)   43
  + 22

12)   61
  + 36

13)   15
  + 12

14)   32
  + 52

15)   24
  + 12

16)   56
  + 21

17)   46
  + 12

18)   27
  + 11

19)   54
  + 10

20)   35
  + 33

Assignment 15

Name _____   Score _____

1)   **34**
  + 57

2)   **63**
  + 38

3)   **71**
  + 49

4)   **42**
  + 39

5)   **74**
  + 86

6)   **16**
  + 45

7)   **25**
  + 58

8)   **34**
  + 68

9)   **46**
  + 46

10)   **57**
  + 16

11)   **68**
  + 27

12)   **76**
  + 25

13)   **82**
  + 89

14)   **37**
  + 56

15)   **15**
  + 67

16)   **28**
  + 42

17)   **32**
  + 99

18)   **44**
  + 68

19)   **56**
  + 27

20)   **26**
  + 15

Assignment 16

1) 73
  + 18

2) 34
  + 29

3) 85
  + 15

4) 56
  + 25

5) 62
  + 69

6) 77
  + 89

7) 83
  + 59

8) 19
  + 52

9) 24
  + 37

10) 33
   + 39

11) 51
   + 99

12) 27
   + 15

13) 51
   + 19

14) 45
   + 38

15) 17
   + 44

16) 63
   + 19

17) 74
   + 28

18) 29
   + 28

19) 68
   + 58

20) 14
   + 97

Adding two numbers (regrouping), 10 – 99

Assignment 17

1)   18
  + 15

2)   44
  + 98

3)   65
  + 47

4)   32
  + 18

5)   25
  + 27

6)   49
  + 12

7)   17
  + 66

8)   46
  + 26

9)   98
  + 33

10)   72
  + 79

11)   44
  + 39

12)   69
  + 36

13)   57
  + 57

14)   48
  + 52

15)   35
  + 47

16)   94
  + 28

17)   62
  + 39

18)   26
  + 17

19)   53
  + 89

20)   38
  + 56

Adding two numbers (regrouping), 10 – 99

Assignment 18

1)   25
       36
   + 14

2)   48
       53
   + 60

3)   79
       25
   + 45

4)   87
       61
   + 22

5)   54
       98
   + 41

6)   57
       73
   + 91

7)   16
       40
   + 25

8)   74
       42
   + 89

9)   28
       54
   + 81

10)   59
       46
   + 27

11)   93
       56
   + 17

12)   38
       63
   + 94

13)   22
       88
   + 17

14)   38
       54
   + 48

15)   87
       50
   + 16

16)   55
       46
   + 72

17)   45
       14
   + 68

18)   34
       91
   + 33

19)   73
       53
   + 18

20)   28
       19
   + 16

Assignment 19

Name _____   Score _____

1)   31
     55
  + 87

2)   53
     35
  + 10

3)   29
     38
  + 46

4)   77
     15
  + 64

5)   93
     61
  + 41

6)   91
     12
  + 10

7)   42
     45
  + 57

8)   82
     61
  + 73

9)   55
     84
  + 42

10)   61
      98
   + 28

11)   83
      98
   + 61

12)   91
      72
   + 65

13)   43
      59
   + 98

14)   75
      34
   + 66

15)   20
      13
   + 18

16)   54
      10
   + 38

17)   91
      38
   + 48

18)   58
      36
   + 67

19)   12
      46
   + 98

20)   85
      81
   + 14

Assignment 20

Name _____   Score _____

1)   81
       13
   + 54

2)   98
       10
   + 31

3)   72
       66
   + 95

4)   64
       31
   + 52

5)   48
       36
   + 66

6)   40
       71
   + 42

7)   21
       75
   + 11

8)   95
       66
   + 52

9)   82
       83
   + 30

10)   98
       81
   + 52

11)   32
       21
   + 43

12)   83
       33
   + 64

13)   67
       58
   + 14

14)   58
       95
   + 44

15)   93
       12
   + 71

16)   22
       25
   + 34

17)   58
       45
   + 13

18)   96
       75
   + 89

19)   71
       88
   + 61

20)   45
       92
   + 35

Adding three numbers, 10 – 99

Assignment 21

Name _____   Score _____

1) 33 + _____ = 84

2) 64 + _____ = 101

3) 73 + _____ = 121

4) 45 + _____ = 83

5) 79 + _____ = 164

6) 18 + _____ = 61

7) 27 + _____ = 83

8) 36 + _____ = 101

9) 48 + _____ = 92

10) 59 + _____ = 73

11) 66 + _____ = 94

12) 74 + _____ = 100

13) 80 + _____ = 164

14) 34 + _____ = 61

15) 13 + _____ = 81

16) 29 + _____ = 70

17) 33 + _____ = 131

18) 45 + _____ = 112

19) 57 + _____ = 83

20) 27 + _____ = 45

Find the missing number, 10 – 99

Assignment 22

Name _____   Score _____

1) $70 + \underline{\hspace{1cm}} = 82$

2) $62 + \underline{\hspace{1cm}} = 90$

3) $86 + \underline{\hspace{1cm}} = 100$

4) $52 + \underline{\hspace{1cm}} = 76$

5) $66 + \underline{\hspace{1cm}} = 134$

6) $75 + \underline{\hspace{1cm}} = 163$

7) $81 + \underline{\hspace{1cm}} = 139$

8) $17 + \underline{\hspace{1cm}} = 68$

9) $22 + \underline{\hspace{1cm}} = 58$

10) $31 + \underline{\hspace{1cm}} = 69$

11) $54 + \underline{\hspace{1cm}} = 151$

12) $29 + \underline{\hspace{1cm}} = 42$

13) $55 + \underline{\hspace{1cm}} = 72$

14) $49 + \underline{\hspace{1cm}} = 87$

15) $11 + \underline{\hspace{1cm}} = 53$

16) $65 + \underline{\hspace{1cm}} = 84$

17) $76 + \underline{\hspace{1cm}} = 102$

18) $31 + \underline{\hspace{1cm}} = 51$

19) $70 + \underline{\hspace{1cm}} = 126$

20) $16 + \underline{\hspace{1cm}} = 111$

Find the missing number, 10 – 99

Assignment 23

1) $13 +$ _____ $= 29$

2) $39 +$ _____ $= 138$

3) $60 +$ _____ $= 108$

4) $27 +$ _____ $= 46$

5) $20 +$ _____ $= 48$

6) $44 +$ _____ $= 56$

7) $12 +$ _____ $= 79$

8) $41 +$ _____ $= 68$

9) $93 +$ _____ $= 127$

10) $67 +$ _____ $= 147$

11) $39 +$ _____ $= 81$

12) $64 +$ _____ $= 101$

13) $52 +$ _____ $= 110$

14) $43 +$ _____ $= 96$

15) $30 +$ _____ $= 75$

16) $89 +$ _____ $= 118$

17) $57 +$ _____ $= 97$

18) $21 +$ _____ $= 39$

19) $48 +$ _____ $= 137$

20) $33 +$ _____ $= 87$

Find the missing number, 10 – 99

Assignment 24

Name _____ Score _____

1) 41
+ 52

2) 44
+ 62

3) 73
+ 84

4) 12
+ 50

5) 66
+ 93

6) 25
+ 22

7) 38
+ 19

8) 52
+ 74

9) 95
+ 91

10) 32
+ 86

11) 21
+ 35

12) 38
+ 11

13) 45
+ 42

14) 69
+ 74

15) 27
+ 51

16) 88
+ 83

17) 36
+ 94

18) 53
+ 68

19) 24
+ 75

20) 86
+ 48

21) 47
+ 68

22) 67
+ 86

23) 15
+ 20

24) 89
+ 81

25) 78
+ 55

26) 41
+ 43

27) 26
+ 84

28) 59
+ 53

29) 67
+ 13

30) 26
+ 82

31) 26
+ 53

32) 18
+ 49

33) 34
+ 42

34) 66
+ 45

35) 32
+ 71

36) 66
+ 63

37) 15
+ 75

38) 52
+ 34

39) 46
+ 31

40) 27
+ 64

41) 48
+ 83

42) 59
+ 80

43) 77
+ 92

44) 46
+ 94

45) 32
+ 23

46) 76
+ 12

47) 97
+ 26

48) 13
+ 68

49) 38
+ 51

50) 14
+ 82

51) 62
+ 39

52) 92
+ 53

53) 74
+ 78

54) 86
+ 42

55) 54
+ 68

56) 43
+ 26

57) 21
+ 95

58) 37
+ 48

59) 12
+ 97

60) 73
+ 63

Assignment 25

Name _____   Score _____

1) 47 + 15	2) 31 + 54	3) 78 + 37	4) 68 + 40	5) 24 + 39	6) 87 + 36
7) 58 + 91	8) 18 + 23	9) 98 + 44	10) 45 + 62	11) 58 + 86	12) 66 + 61
13) 89 + 93	14) 63 + 74	15) 20 + 25	16) 32 + 48	17) 76 + 96	18) 87 + 43
19) 64 + 87	20) 24 + 93	21) 18 + 77	22) 87 + 11	23) 39 + 73	24) 37 + 52
25) 15 + 88	26) 64 + 29	27) 69 + 98	28) 72 + 74	29) 28 + 40	30) 12 + 97
31) 23 + 59	32) 87 + 84	33) 36 + 63	34) 18 + 44	35) 54 + 78	36) 48 + 81
37) 49 + 41	38) 38 + 13	39) 54 + 18	40) 32 + 78	41) 92 + 67	42) 76 + 49
43) 33 + 88	44) 29 + 68	45) 93 + 92	46) 94 + 20	47) 13 + 58	48) 84 + 47
49) 19 + 86	50) 55 + 58	51) 62 + 42	52) 23 + 17	53) 46 + 93	54) 58 + 43
55) 93 + 54	56) 13 + 66	57) 38 + 98	58) 54 + 68	59) 43 + 34	60) 27 + 79

Assignment 26

1) 321
\+ 405

2) 354
\+ 134

3) 893
\+ 101

4) 444
\+ 353

5) 220
\+ 114

6) 138
\+ 451

7) 284
\+ 613

8) 374
\+ 121

9) 427
\+ 312

10) 506
\+ 162

11) 614
\+ 270

12) 771
\+ 212

13) 804
\+ 113

14) 313
\+ 254

15) 112
\+ 604

16) 246
\+ 432

17) 314
\+ 303

18) 442
\+ 156

19) 518
\+ 260

20) 291
\+ 102

Assignment 27

Name _____   Score _____

1) 712
+ 180

2) 628
+ 241

3) 833
+ 154

4) 544
+ 232

5) 656
+ 202

6) 761
+ 122

7) 807
+ 111

8) 141
+ 520

9) 294
+ 305

10) 341
+ 224

11) 504
+ 302

12) 268
+ 130

13) 585
+ 113

14) 471
+ 322

15) 150
+ 432

16) 634
+ 161

17) 725
+ 211

18) 250
+ 227

19) 694
+ 301

20) 135
+ 512

Adding two numbers (no regrouping), 100 – 999

Assignment 28

1)   142
  + 151

2)   374
  + 310

3)   182
  + 414

4)   515
  + 184

5)   702
  + 276

6)   831
  + 115

7)   123
  + 513

8)   332
  + 245

9)   253
  + 335

10)   521
  + 104

11)   433
  + 224

12)   615
  + 360

13)   152
  + 124

14)   323
  + 524

15)   242
  + 126

16)   556
  + 210

17)   466
  + 121

18)   275
  + 113

19)   542
  + 107

20)   350
  + 531

Assignment 29

Name _____   Score _____

1) 346
  + 575

2) 638
  + 383

3) 729
  + 494

4) 427
  + 397

5) 748
  + 865

6) 169
  + 458

7) 257
  + 586

8) 345
  + 685

9) 468
  + 463

10) 578
   + 164

11) 682
   + 279

12) 766
   + 257

13) 828
   + 894

14) 365
   + 269

15) 158
   + 675

16) 287
   + 423

17) 314
   + 998

18) 442
   + 689

19) 568
   + 279

20) 267
   + 154

Assignment 30

Name _____   Score _____

1)   736
     + 187

2)   649
     + 295

3)   854
     + 158

4)   562
     + 259

5)   627
     + 697

6)   775
     + 899

7)   838
     + 594

8)   196
     + 525

9)   248
     + 373

10)   339
     + 398

11)   516
     + 997

12)   278
     + 155

13)   519
     + 199

14)   454
     + 387

15)   177
     + 449

16)   637
     + 195

17)   746
     + 286

18)   298
     + 225

19)   687
     + 585

20)   146
     + 979

Adding two numbers (regrouping), 100 – 999

Assignment 31

Name _____   Score _____

1)   186
   + 155

2)   449
   + 983

3)   658
   + 477

4)   326
   + 184

5)   257
   + 279

6)   495
   + 117

7)   174
   + 668

8)   469
   + 262

9)   987
   + 333

10)   728
   + 798

11)   446
   + 397

12)   698
   + 365

13)   579
   + 573

14)   486
   + 525

15)   357
   + 474

16)   949
   + 283

17)   626
   + 397

18)   268
   + 179

19)   537
   + 887

20)   386
   + 534

Adding two numbers (regrouping), 100 – 999

Assignment 32

Name _____   Score _____

1) 253	2) 148	3) 979	4) 878	5) 543
362	353	725	616	980
+ 145	+ 560	+ 645	+ 224	+ 418

6) 572	7) 116	8) 742	9) 284	10) 591
738	430	426	547	468
+ 919	+ 255	+ 899	+ 819	+ 272

11) 930	12) 338	13) 522	14) 383	15) 874
564	463	188	549	507
+ 175	+ 794	+ 617	+ 481	+ 166

16) 554	17) 451	18) 349	19) 738	20) 287
467	145	914	530	194
+ 729	+ 687	+ 334	+ 183	+ 162

Assignment 33

Name _____ Score _____

1)   313
         554
     + 879

2)   453
         135
     + 210

3)   298
         384
     + 463

4)   776
         152
     + 649

5)   939
         618
     + 417

6)   916
         162
     + 610

7)   424
         445
     + 457

8)   829
         691
     + 973

9)   550
         804
     + 142

10)   618
         988
     + 827

11)   837
         978
     + 761

12)   914
         742
     + 465

13)   432
         529
     + 298

14)   751
         314
     + 166

15)   206
         153
     + 518

16)   547
         160
     + 638

17)   914
         348
     + 448

18)   585
         358
     + 567

19)   120
         406
     + 198

20)   858
         871
     + 614

         Adding three numbers, 100 – 999

Assignment 34

Name _____   Score _____

1)   819   2)   987   3)   724   4)   642   5)   481

1)	819	2)	987	3)	724	4)	642	5)	481
	193		170		646		321		316
	+ 954		+ 731		+ 495		+ 252		+ 166

6)	408	7)	210	8)	956	9)	829	10)	987
	782		705		676		893		871
	+ 842		+ 110		+ 452		+ 930		+ 752

11)	325	12)	836	13)	671	14)	588	15)	936
	251		353		618		985		162
	+ 543		+ 664		+ 114		+ 844		+ 671

16)	229	17)	585	18)	968	19)	722	20)	458
	295		445		765		838		592
	+ 934		+ 312		+ 489		+ 461		+ 235

Adding three numbers, 100 – 999

Assignment 35

1) $147 + \underline{\hspace{1cm}} = 621$

2) $537 + \underline{\hspace{1cm}} = 826$

3) $618 + \underline{\hspace{1cm}} = 1,009$

4) $326 + \underline{\hspace{1cm}} = 622$

5) $647 + \underline{\hspace{1cm}} = 1,411$

6) $168 + \underline{\hspace{1cm}} = 518$

7) $156 + \underline{\hspace{1cm}} = 639$

8) $244 + \underline{\hspace{1cm}} = 833$

9) $367 + \underline{\hspace{1cm}} = 729$

10) $477 + \underline{\hspace{1cm}} = 640$

11) $783 + \underline{\hspace{1cm}} = 1,162$

12) $867 + \underline{\hspace{1cm}} = 1,225$

13) $929 + \underline{\hspace{1cm}} = 1,924$

14) $266 + \underline{\hspace{1cm}} = 434$

15) $259 + \underline{\hspace{1cm}} = 833$

16) $186 + \underline{\hspace{1cm}} = 508$

17) $223 + \underline{\hspace{1cm}} = 1,120$

18) $341 + \underline{\hspace{1cm}} = 929$

19) $669 + \underline{\hspace{1cm}} = 1,048$

20) $368 + \underline{\hspace{1cm}} = 623$

Find the missing number, 100 – 999

Assignment 36

Name _____   Score _____

1) **635 + _____ = 923**

2) **549 + _____ = 945**

3) **955 + _____ = 1,214**

4) **663 + _____ = 821**

5) **526 + _____ = 1,324**

6) **876 + _____ = 1,019**

7) **939 + _____ = 1,434**

8) **297 + _____ = 923**

9) **349 + _____ = 823**

10) **438 + _____ = 735**

11) **415 + _____ = 1,311**

12) **379 + _____ = 635**

13) **610 + _____ = 808**

14) **353 + _____ = 642**

15) **278 + _____ = 624**

16) **538 + _____ = 834**

17) **847 + _____ = 1,234**

18) **399 + _____ = 725**

19) **580 + _____ = 1,064**

20) **245 + _____ = 1,125**

Find the missing number, 100 – 999

Assignment 37

Name _____   Score _____

1) 288 + _____ = 544

2) 348 + _____ = 1,230

3) 557 + _____ = 933

4) 225 + _____ = 412

5) 158 + _____ = 528

6) 394 + _____ = 612

7) 275 + _____ = 842

8) 368 + _____ = 529

9) 886 + _____ = 1,118

10) 627 + _____ = 1,526

11) 340 + _____ = 636

12) 597 + _____ = 861

13) 670 + _____ = 1,345

14) 385 + _____ = 809

15) 256 + _____ = 629

16) 848 + _____ = 1,030

17) 525 + _____ = 821

18) 166 + _____ = 436

19) 318 + _____ = 1,222

20) 285 + _____ = 718

Find the missing number, 100 – 999

Assignment 38

Name _____ Score _____

1) 411 + 522	2) 443 + 642	3) 753 + 684	4) 172 + 850	5) 669 + 983	6) 255 + 252
7) 384 + 149	8) 352 + 734	9) 952 + 821	10) 320 + 816	11) 214 + 305	12) 238 + 121
13) 445 + 542	14) 690 + 704	15) 273 + 351	16) 882 + 283	17) 365 + 594	18) 534 + 648
19) 243 + 375	20) 826 + 248	21) 471 + 168	22) 670 + 806	23) 155 + 250	24) 896 + 861
25) 786 + 565	26) 481 + 843	27) 267 + 874	28) 593 + 623	29) 670 + 103	30) 264 + 582
31) 266 + 543	32) 185 + 490	33) 346 + 462	34) 664 + 445	35) 329 + 791	36) 566 + 653
37) 415 + 754	38) 352 + 343	39) 462 + 321	40) 272 + 634	41) 484 + 843	42) 592 + 820
43) 778 + 982	44) 465 + 954	45) 324 + 243	46) 762 + 122	47) 979 + 526	48) 143 + 468
49) 383 + 351	50) 214 + 822	51) 621 + 139	52) 920 + 503	53) 374 + 784	54) 869 + 492
55) 542 + 268	56) 431 + 216	57) 213 + 935	58) 307 + 485	59) 123 + 937	60) 734 + 463

Addition Timed Test, 100 – 999

Assignment 39

Name _____   Score _____

1) 471
+ 145

2) 313
+ 534

3) 785
+ 357

4) 687
+ 470

5) 249
+ 399

6) 807
+ 360

7) 584
+ 941

8) 180
+ 213

9) 988
+ 484

10) 456
+ 662

11) 585
+ 856

12) 664
+ 461

13) 890
+ 913

14) 631
+ 714

15) 204
+ 425

16) 323
+ 438

17) 765
+ 597

18) 879
+ 493

19) 640
+ 817

20) 244
+ 493

21) 185
+ 757

22) 876
+ 611

23) 397
+ 773

24) 378
+ 852

25) 152
+ 808

26) 642
+ 229

27) 694
+ 498

28) 725
+ 574

29) 287
+ 740

30) 129
+ 397

31) 234
+ 459

32) 876
+ 684

33) 361
+ 163

34) 182
+ 244

35) 549
+ 978

36) 483
+ 381

37) 497
+ 741

38) 386
+ 613

39) 540
+ 108

40) 325
+ 748

41) 927
+ 607

42) 769
+ 949

43) 332
+ 828

44) 294
+ 468

45) 937
+ 792

46) 945
+ 520

47) 134
+ 458

48) 846
+ 647

49) 194
+ 809

50) 551
+ 158

51) 624
+ 422

52) 238
+ 817

53) 465
+ 593

54) 586
+ 643

55) 937
+ 754

56) 136
+ 606

57) 381
+ 928

58) 543
+ 368

59) 437
+ 734

60) 274
+ 379

Addition Timed Test, 100 – 999

Part 2
Subtraction

Assignment 40

Name _____   Score _____

1) $\begin{array}{r} 5 \\ -\ 4 \\ \hline \end{array}$
2) $\begin{array}{r} 6 \\ -\ 0 \\ \hline \end{array}$
3) $\begin{array}{r} 8 \\ -\ 5 \\ \hline \end{array}$
4) $\begin{array}{r} 5 \\ -\ 1 \\ \hline \end{array}$
5) $\begin{array}{r} 2 \\ -\ 1 \\ \hline \end{array}$

6) $\begin{array}{r} 6 \\ -\ 3 \\ \hline \end{array}$
7) $\begin{array}{r} 9 \\ -\ 5 \\ \hline \end{array}$
8) $\begin{array}{r} 4 \\ -\ 1 \\ \hline \end{array}$
9) $\begin{array}{r} 9 \\ -\ 2 \\ \hline \end{array}$
10) $\begin{array}{r} 7 \\ -\ 3 \\ \hline \end{array}$

11) $\begin{array}{r} 9 \\ -\ 7 \\ \hline \end{array}$
12) $\begin{array}{r} 8 \\ -\ 4 \\ \hline \end{array}$
13) $\begin{array}{r} 7 \\ -\ 7 \\ \hline \end{array}$
14) $\begin{array}{r} 8 \\ -\ 0 \\ \hline \end{array}$
15) $\begin{array}{r} 6 \\ -\ 5 \\ \hline \end{array}$

16) $\begin{array}{r} 7 \\ -\ 2 \\ \hline \end{array}$
17) $\begin{array}{r} 8 \\ -\ 1 \\ \hline \end{array}$
18) $\begin{array}{r} 3 \\ -\ 2 \\ \hline \end{array}$
19) $\begin{array}{r} 7 \\ -\ 4 \\ \hline \end{array}$
20) $\begin{array}{r} 8 \\ -\ 3 \\ \hline \end{array}$

Subtracting two numbers, 0 – 9

Assignment 41

Name _____ Score _____

1) $\begin{array}{r} 8 \\ -\ 7 \\ \hline \end{array}$
2) $\begin{array}{r} 9 \\ -\ 1 \\ \hline \end{array}$
3) $\begin{array}{r} 8 \\ -\ 6 \\ \hline \end{array}$
4) $\begin{array}{r} 9 \\ -\ 6 \\ \hline \end{array}$
5) $\begin{array}{r} 6 \\ -\ 1 \\ \hline \end{array}$

6) $\begin{array}{r} 2 \\ -\ 0 \\ \hline \end{array}$
7) $\begin{array}{r} 7 \\ -\ 5 \\ \hline \end{array}$
8) $\begin{array}{r} 9 \\ -\ 4 \\ \hline \end{array}$
9) $\begin{array}{r} 7 \\ -\ 4 \\ \hline \end{array}$
10) $\begin{array}{r} 4 \\ -\ 2 \\ \hline \end{array}$

11) $\begin{array}{r} 5 \\ -\ 2 \\ \hline \end{array}$
12) $\begin{array}{r} 6 \\ -\ 6 \\ \hline \end{array}$
13) $\begin{array}{r} 9 \\ -\ 8 \\ \hline \end{array}$
14) $\begin{array}{r} 6 \\ -\ 4 \\ \hline \end{array}$
15) $\begin{array}{r} 9 \\ -\ 3 \\ \hline \end{array}$

16) $\begin{array}{r} 5 \\ -\ 3 \\ \hline \end{array}$
17) $\begin{array}{r} 9 \\ -\ 2 \\ \hline \end{array}$
18) $\begin{array}{r} 8 \\ -\ 2 \\ \hline \end{array}$
19) $\begin{array}{r} 9 \\ -\ 5 \\ \hline \end{array}$
20) $\begin{array}{r} 3 \\ -\ 1 \\ \hline \end{array}$

Subtracting two numbers, 0 – 9

Assignment 42

1)   8
   − 1

2)   5
   − 4

3)   9
   − 5

4)   5
   − 5

5)   6
   − 2

6)   9
   − 4

7)   3
   − 0

8)   6
   − 5

9)   8
   − 3

10)   9
   − 2

11)   3
   − 2

12)   8
   − 6

13)   9
   − 0

14)   5
   − 2

15)   7
   − 4

16)   4
   − 3

17)   6
   − 1

18)   7
   − 7

19)   9
   − 6

20)   7
   − 3

Subtracting two numbers, 0 − 9

Assignment 43

Name _____   Score _____

1)   9
       6
  − 2

2)   8
       3
  − 0

3)   9
       5
  − 3

4)   7
       2
  − 1

5)   5
       3
  − 2

6)   7
       3
  − 1

7)   9
       7
  − 1

8)   5
       2
  − 2

9)   8
       4
  − 1

10)   7
       3
  − 2

11)   8
       7
  − 0

12)   8
       6
  − 1

13)   6
       3
  − 1

14)   8
       4
  − 4

15)   7
       1
  − 1

16)   5
       2
  − 1

17)   5
       4
  − 0

18)   4
       3
  − 1

19)   9
       5
  − 2

20)   8
       4
  − 3

Subtracting three numbers, 0 – 9

Assignment 44

Name _____   Score _____

1) 9   2) 5   3) 9   4) 7   5) 7
    5   3   3   6   3
  − 1   − 1   − 2   − 1   − 1

6) 9   7) 8   8) 8   9) 6   10) 7
    2   3   6   4   2
  − 0   − 3   − 0   − 1   − 2

11) 9   12) 9   13) 5   14) 9   15) 6
     4   6   1   6   3
   − 1   − 2   − 1   − 3   − 1

16) 5   17) 9   18) 9   19) 8   20) 7
     3   5   4   6   4
   − 0   − 3   − 2   − 1   − 2

Subtracting three numbers, 0 − 9

Assignment 45

Name _____   Score _____

1) 8
   2
− 1

2) 9
   3
− 0

3) 7
   2
− 2

4) 6
   3
− 1

5) 9
   6
− 3

6) 8
   4
− 2

7) 7
   2
− 1

8) 9
   6
− 2

9) 8
   3
− 3

10) 9
   5
− 1

11) 3
   3
− 0

12) 8
   6
− 1

13) 6
   5
− 1

14) 7
   3
− 1

15) 9
   6
− 1

16) 6
   3
− 2

17) 5
   4
− 1

18) 9
   7
− 1

19) 7
   4
− 1

20) 9
   3
− 2

Subtracting three numbers, 0 − 9

Assignment 46

Name _____   Score _____

1) $8 - \underline{\hspace{1cm}} = 4$

2) $5 - \underline{\hspace{1cm}} = 2$

3) $4 - \underline{\hspace{1cm}} = 4$

4) $6 - \underline{\hspace{1cm}} = 2$

5) $5 - \underline{\hspace{1cm}} = 4$

6) $3 - \underline{\hspace{1cm}} = 1$

7) $8 - \underline{\hspace{1cm}} = 3$

8) $9 - \underline{\hspace{1cm}} = 2$

9) $7 - \underline{\hspace{1cm}} = 1$

10) $9 - \underline{\hspace{1cm}} = 8$

11) $7 - \underline{\hspace{1cm}} = 2$

12) $5 - \underline{\hspace{1cm}} = 1$

13) $7 - \underline{\hspace{1cm}} = 6$

14) $3 - \underline{\hspace{1cm}} = 3$

15) $6 - \underline{\hspace{1cm}} = 2$

16) $2 - \underline{\hspace{1cm}} = 0$

17) $9 - \underline{\hspace{1cm}} = 1$

18) $7 - \underline{\hspace{1cm}} = 4$

19) $4 - \underline{\hspace{1cm}} = 1$

20) $6 - \underline{\hspace{1cm}} = 1$

Find the missing number, 0 – 9

Assignment 47

1) $7 - \underline{\hspace{1cm}} = 4$

2) $8 - \underline{\hspace{1cm}} = 7$

3) $9 - \underline{\hspace{1cm}} = 1$

4) $6 - \underline{\hspace{1cm}} = 2$

5) $3 - \underline{\hspace{1cm}} = 2$

6) $5 - \underline{\hspace{1cm}} = 3$

7) $8 - \underline{\hspace{1cm}} = 2$

8) $6 - \underline{\hspace{1cm}} = 4$

9) $5 - \underline{\hspace{1cm}} = 2$

10) $8 - \underline{\hspace{1cm}} = 5$

11) $4 - \underline{\hspace{1cm}} = 2$

12) $7 - \underline{\hspace{1cm}} = 1$

13) $9 - \underline{\hspace{1cm}} = 5$

14) $8 - \underline{\hspace{1cm}} = 1$

15) $9 - \underline{\hspace{1cm}} = 4$

16) $7 - \underline{\hspace{1cm}} = 3$

17) $9 - \underline{\hspace{1cm}} = 0$

18) $5 - \underline{\hspace{1cm}} = 1$

19) $8 - \underline{\hspace{1cm}} = 3$

20) $9 - \underline{\hspace{1cm}} = 7$

Find the missing number, 0 – 9

Assignment 48

1) $8 - \underline{\hspace{1cm}} = 3$

2) $9 - \underline{\hspace{1cm}} = 6$

3) $8 - \underline{\hspace{1cm}} = 1$

4) $4 - \underline{\hspace{1cm}} = 0$

5) $7 - \underline{\hspace{1cm}} = 5$

6) $4 - \underline{\hspace{1cm}} = 3$

7) $7 - \underline{\hspace{1cm}} = 1$

8) $8 - \underline{\hspace{1cm}} = 4$

9) $5 - \underline{\hspace{1cm}} = 5$

10) $9 - \underline{\hspace{1cm}} = 1$

11) $3 - \underline{\hspace{1cm}} = 1$

12) $8 - \underline{\hspace{1cm}} = 2$

13) $6 - \underline{\hspace{1cm}} = 6$

14) $5 - \underline{\hspace{1cm}} = 2$

15) $7 - \underline{\hspace{1cm}} = 4$

16) $9 - \underline{\hspace{1cm}} = 2$

17) $6 - \underline{\hspace{1cm}} = 5$

18) $8 - \underline{\hspace{1cm}} = 1$

19) $9 - \underline{\hspace{1cm}} = 7$

20) $6 - \underline{\hspace{1cm}} = 2$

Find the missing number, 0 – 9

Assignment 49

Name _____   Score _____

1) 5 − 4

2) 6 − 3

3) 8 − 7

4) 5 − 1

5) 9 − 6

6) 2 − 2

7) 3 − 1

8) 7 − 4

9) 9 − 1

10) 8 − 3

11) 5 − 3

12) 3 − 0

13) 4 − 4

14) 7 − 6

15) 2 − 0

16) 9 − 8

17) 9 − 3

18) 6 − 5

19) 7 − 2

20) 8 − 4

21) 6 − 4

22) 8 − 6

23) 2 − 1

24) 8 − 8

25) 7 − 5

26) 4 − 0

27) 8 − 2

28) 5 − 5

29) 6 − 0

30) 4 − 2

31) 5 − 2

32) 4 − 1

33) 3 − 3

34) 9 − 5

35) 7 − 3

36) 6 − 6

37) 7 − 1

38) 5 − 0

39) 4 − 3

40) 6 − 2

41) 8 − 0

42) 8 − 5

43) 9 − 7

44) 9 − 4

45) 3 − 2

46) 7 − 0

47) 9 − 2

48) 6 − 1

49) 5 − 3

50) 8 − 1

51) 6 − 3

52) 9 − 5

53) 7 − 7

54) 8 − 4

55) 9 − 5

56) 4 − 2

57) 9 − 2

58) 4 − 3

59) 9 − 1

60) 7 − 6

Subtraction Timed Test, 0 − 9

Assignment 50

Name _____   Score _____

1) 8
  − 4

2) 3
  − 3

3) 9
  − 4

4) 5
  − 1

5) 8
  − 3

6) 3
  − 2

7) 9
  − 5

8) 2
  − 1

9) 9
  − 0

10) 6
   − 4

11) 8
   − 5

12) 6
   − 6

13) 9
   − 8

14) 4
   − 0

15) 2
   − 2

16) 7
   − 6

17) 9
   − 7

18) 9
   − 2

19) 8
   − 6

20) 7
   − 5

21) 3
   − 0

22) 1
   − 1

23) 8
   − 0

24) 5
   − 3

25) 7
   − 1

26) 6
   − 0

27) 9
   − 6

28) 7
   − 7

29) 4
   − 2

30) 9
   − 1

31) 5
   − 2

32) 8
   − 8

33) 6
   − 3

34) 4
   − 1

35) 2
   − 0

36) 5
   − 4

37) 4
   − 4

38) 3
   − 1

39) 7
   − 0

40) 7
   − 3

41) 9
   − 6

42) 7
   − 4

43) 1
   − 0

44) 6
   − 2

45) 9
   − 9

46) 9
   − 2

47) 8
   − 7

48) 8
   − 4

49) 8
   − 1

50) 5
   − 5

51) 6
   − 4

52) 7
   − 2

53) 8
   − 2

54) 5
   − 0

55) 9
   − 5

56) 6
   − 1

57) 9
   − 3

58) 6
   − 5

59) 4
   − 3

60) 9
   − 4

Assignment 51

Name _____   Score _____

1) $\begin{array}{r} 53 \\ -\ 42 \\ \hline \end{array}$

2) $\begin{array}{r} 46 \\ -\ 30 \\ \hline \end{array}$

3) $\begin{array}{r} 84 \\ -\ 51 \\ \hline \end{array}$

4) $\begin{array}{r} 56 \\ -\ 43 \\ \hline \end{array}$

5) $\begin{array}{r} 92 \\ -\ 11 \\ \hline \end{array}$

6) $\begin{array}{r} 57 \\ -\ 12 \\ \hline \end{array}$

7) $\begin{array}{r} 97 \\ -\ 55 \\ \hline \end{array}$

8) $\begin{array}{r} 49 \\ -\ 18 \\ \hline \end{array}$

9) $\begin{array}{r} 96 \\ -\ 44 \\ \hline \end{array}$

10) $\begin{array}{r} 74 \\ -\ 31 \\ \hline \end{array}$

11) $\begin{array}{r} 98 \\ -\ 73 \\ \hline \end{array}$

12) $\begin{array}{r} 87 \\ -\ 40 \\ \hline \end{array}$

13) $\begin{array}{r} 76 \\ -\ 64 \\ \hline \end{array}$

14) $\begin{array}{r} 82 \\ -\ 11 \\ \hline \end{array}$

15) $\begin{array}{r} 68 \\ -\ 53 \\ \hline \end{array}$

16) $\begin{array}{r} 48 \\ -\ 22 \\ \hline \end{array}$

17) $\begin{array}{r} 89 \\ -\ 17 \\ \hline \end{array}$

18) $\begin{array}{r} 95 \\ -\ 31 \\ \hline \end{array}$

19) $\begin{array}{r} 74 \\ -\ 42 \\ \hline \end{array}$

20) $\begin{array}{r} 87 \\ -\ 32 \\ \hline \end{array}$

Subtracting two numbers (no regrouping), 10 – 99

Assignment 52

Name _____   Score _____

1)   86
    − 44

2)   93
    − 11

3)   86
    − 63

4)   56
    − 42

5)   67
    − 14

6)   27
    − 16

7)   75
    − 20

8)   49
    − 33

9)   78
    − 51

10)   44
    − 12

11)   59
    − 24

12)   64
    − 42

13)   98
    − 17

14)   67
    − 34

15)   94
    − 30

16)   59
    − 31

17)   73
    − 61

18)   87
    − 24

19)   97
    − 51

20)   38
    − 13

Subtracting two numbers (no regrouping), 10 − 99

Assignment 53

Name _____   Score _____

1)   **57**
  − 42

2)   **79**
  − 30

3)   **98**
  − 12

4)   **57**
  − 41

5)   **68**
  − 21

6)   **98**
  − 45

7)   **37**
  − 12

8)   **66**
  − 53

9)   **89**
  − 10

10)   **96**
  − 23

11)   **57**
  − 25

12)   **88**
  − 64

13)   **94**
  − 13

14)   **87**
  − 22

15)   **78**
  − 43

16)   **48**
  − 31

17)   **67**
  − 26

18)   **78**
  − 27

19)   **97**
  − 60

20)   **89**
  − 32

     Subtracting two numbers (no regrouping), 10 − 99

Assignment 54

Name _____   Score _____

1) 52
− 44

2) 45
− 29

3) 83
− 56

4) 52
− 29

5) 94
− 19

6) 67
− 18

7) 60
− 39

8) 93
− 16

9) 96
− 28

10) 71
− 32

11) 84
− 38

12) 81
− 45

13) 70
− 64

14) 84
− 17

15) 64
− 49

16) 98
− 29

17) 81
− 33

18) 74
− 16

19) 77
− 48

20) 82
− 35

Subtracting two numbers (regrouping), 10 – 99

Assignment 55

Name _____   Score _____

1)   76
  − 49

2)   91
  − 15

3)   88
  − 39

4)   50
  − 41

5)   64
  − 16

6)   97
  − 19

7)   72
  − 25

8)   45
  − 38

9)   77
  − 58

10)   84
  − 16

11)   55
  − 27

12)   62
  − 45

13)   93
  − 18

14)   65
  − 27

15)   64
  − 49

16)   93
  − 29

17)   81
  − 33

18)   74
  − 16

19)   77
  − 48

20)   82
  − 35

Assignment 56

1) 87 − 48	2) 76 − 18	3) 92 − 15	4) 68 − 49	5) 60 − 23
6) 92 − 46	7) 34 − 17	8) 74 − 55	9) 83 − 18	10) 62 − 26
11) 54 − 28	12) 85 − 67	13) 90 − 16	14) 84 − 28	15) 75 − 46
16) 45 − 38	17) 64 − 25	18) 71 − 22	19) 94 − 66	20) 84 − 37

     Subtracting two numbers (regrouping), 10 − 99

Assignment 57

Name _____   Score _____

1) $43 - \underline{\quad} = 10$

2) $54 - \underline{\quad} = 35$

3) $38 - \underline{\quad} = 12$

4) $57 - \underline{\quad} = 29$

5) $92 - \underline{\quad} = 77$

6) $64 - \underline{\quad} = 40$

7) $71 - \underline{\quad} = 58$

8) $89 - \underline{\quad} = 54$

9) $76 - \underline{\quad} = 43$

10) $42 - \underline{\quad} = 15$

11) $82 - \underline{\quad} = 33$

12) $78 - \underline{\quad} = 62$

13) $74 - \underline{\quad} = 11$

14) $81 - \underline{\quad} = 39$

15) $98 - \underline{\quad} = 60$

16) $54 - \underline{\quad} = 19$

17) $84 - \underline{\quad} = 36$

18) $70 - \underline{\quad} = 42$

19) $63 - \underline{\quad} = 26$

20) $84 - \underline{\quad} = 55$

Find the missing number, 10 – 99

Assignment 58

Name _____   Score _____

1) $73 - \underline{\hspace{1cm}} = 25$

2) $68 - \underline{\hspace{1cm}} = 54$

3) $85 - \underline{\hspace{1cm}} = 47$

4) $67 - \underline{\hspace{1cm}} = 27$

5) $61 - \underline{\hspace{1cm}} = 44$

6) $93 - \underline{\hspace{1cm}} = 41$

7) $78 - \underline{\hspace{1cm}} = 55$

8) $51 - \underline{\hspace{1cm}} = 15$

9) $82 - \underline{\hspace{1cm}} = 26$

10) $41 - \underline{\hspace{1cm}} = 28$

11) $49 - \underline{\hspace{1cm}} = 29$

12) $56 - \underline{\hspace{1cm}} = 15$

13) $87 - \underline{\hspace{1cm}} = 72$

14) $59 - \underline{\hspace{1cm}} = 35$

15) $86 - \underline{\hspace{1cm}} = 54$

16) $82 - \underline{\hspace{1cm}} = 47$

17) $68 - \underline{\hspace{1cm}} = 52$

18) $85 - \underline{\hspace{1cm}} = 63$

19) $89 - \underline{\hspace{1cm}} = 36$

20) $39 - \underline{\hspace{1cm}} = 27$

Find the missing number, 10 – 99

Assignment 59

1) $83 - \underline{\hspace{1.5em}} = 44$ 11) $48 - \underline{\hspace{1.5em}} = 35$

2) $74 - \underline{\hspace{1.5em}} = 62$ 12) $89 - \underline{\hspace{1.5em}} = 32$

3) $89 - \underline{\hspace{1.5em}} = 64$ 13) $85 - \underline{\hspace{1.5em}} = 59$

4) $65 - \underline{\hspace{1.5em}} = 26$ 14) $79 - \underline{\hspace{1.5em}} = 41$

5) $57 - \underline{\hspace{1.5em}} = 14$ 15) $70 - \underline{\hspace{1.5em}} = 34$

6) $91 - \underline{\hspace{1.5em}} = 35$ 16) $39 - \underline{\hspace{1.5em}} = 11$

7) $53 - \underline{\hspace{1.5em}} = 26$ 17) $54 - \underline{\hspace{1.5em}} = 19$

8) $83 - \underline{\hspace{1.5em}} = 38$ 18) $56 - \underline{\hspace{1.5em}} = 24$

9) $72 - \underline{\hspace{1.5em}} = 44$ 19) $69 - \underline{\hspace{1.5em}} = 13$

10) $61 - \underline{\hspace{1.5em}} = 23$ 20) $79 - \underline{\hspace{1.5em}} = 52$

Find the missing number, 10 – 99

Assignment 60

Name _____   Score _____

1) $\begin{array}{r} 52 \\ -41 \\ \hline \end{array}$	2) $\begin{array}{r} 63 \\ -26 \\ \hline \end{array}$	3) $\begin{array}{r} 81 \\ -72 \\ \hline \end{array}$	4) $\begin{array}{r} 56 \\ -14 \\ \hline \end{array}$	5) $\begin{array}{r} 97 \\ -68 \\ \hline \end{array}$	6) $\begin{array}{r} 24 \\ -12 \\ \hline \end{array}$
7) $\begin{array}{r} 36 \\ -15 \\ \hline \end{array}$	8) $\begin{array}{r} 79 \\ -12 \\ \hline \end{array}$	9) $\begin{array}{r} 94 \\ -16 \\ \hline \end{array}$	10) $\begin{array}{r} 81 \\ -32 \\ \hline \end{array}$	11) $\begin{array}{r} 54 \\ -34 \\ \hline \end{array}$	12) $\begin{array}{r} 34 \\ -11 \\ \hline \end{array}$
13) $\begin{array}{r} 46 \\ -41 \\ \hline \end{array}$	14) $\begin{array}{r} 76 \\ -15 \\ \hline \end{array}$	15) $\begin{array}{r} 28 \\ -12 \\ \hline \end{array}$	16) $\begin{array}{r} 98 \\ -27 \\ \hline \end{array}$	17) $\begin{array}{r} 67 \\ -32 \\ \hline \end{array}$	18) $\begin{array}{r} 65 \\ -52 \\ \hline \end{array}$
19) $\begin{array}{r} 72 \\ -21 \\ \hline \end{array}$	20) $\begin{array}{r} 84 \\ -45 \\ \hline \end{array}$	21) $\begin{array}{r} 66 \\ -49 \\ \hline \end{array}$	22) $\begin{array}{r} 88 \\ -63 \\ \hline \end{array}$	23) $\begin{array}{r} 21 \\ -17 \\ \hline \end{array}$	24) $\begin{array}{r} 83 \\ -24 \\ \hline \end{array}$
25) $\begin{array}{r} 75 \\ -31 \\ \hline \end{array}$	26) $\begin{array}{r} 47 \\ -20 \\ \hline \end{array}$	27) $\begin{array}{r} 89 \\ -24 \\ \hline \end{array}$	28) $\begin{array}{r} 53 \\ -17 \\ \hline \end{array}$	29) $\begin{array}{r} 66 \\ -11 \\ \hline \end{array}$	30) $\begin{array}{r} 49 \\ -25 \\ \hline \end{array}$
31) $\begin{array}{r} 52 \\ -21 \\ \hline \end{array}$	32) $\begin{array}{r} 45 \\ -19 \\ \hline \end{array}$	33) $\begin{array}{r} 38 \\ -35 \\ \hline \end{array}$	34) $\begin{array}{r} 90 \\ -57 \\ \hline \end{array}$	35) $\begin{array}{r} 71 \\ -19 \\ \hline \end{array}$	36) $\begin{array}{r} 63 \\ -22 \\ \hline \end{array}$
37) $\begin{array}{r} 75 \\ -12 \\ \hline \end{array}$	38) $\begin{array}{r} 57 \\ -50 \\ \hline \end{array}$	39) $\begin{array}{r} 98 \\ -38 \\ \hline \end{array}$	40) $\begin{array}{r} 61 \\ -23 \\ \hline \end{array}$	41) $\begin{array}{r} 85 \\ -59 \\ \hline \end{array}$	42) $\begin{array}{r} 96 \\ -74 \\ \hline \end{array}$
43) $\begin{array}{r} 86 \\ -71 \\ \hline \end{array}$	44) $\begin{array}{r} 93 \\ -43 \\ \hline \end{array}$	45) $\begin{array}{r} 38 \\ -24 \\ \hline \end{array}$	46) $\begin{array}{r} 89 \\ -16 \\ \hline \end{array}$	47) $\begin{array}{r} 91 \\ -27 \\ \hline \end{array}$	48) $\begin{array}{r} 60 \\ -20 \\ \hline \end{array}$
49) $\begin{array}{r} 65 \\ -31 \\ \hline \end{array}$	50) $\begin{array}{r} 83 \\ -15 \\ \hline \end{array}$	51) $\begin{array}{r} 98 \\ -32 \\ \hline \end{array}$	52) $\begin{array}{r} 91 \\ -14 \\ \hline \end{array}$	53) $\begin{array}{r} 72 \\ -29 \\ \hline \end{array}$	54) $\begin{array}{r} 84 \\ -15 \\ \hline \end{array}$
55) $\begin{array}{r} 96 \\ -44 \\ \hline \end{array}$	56) $\begin{array}{r} 44 \\ -26 \\ \hline \end{array}$	57) $\begin{array}{r} 98 \\ -28 \\ \hline \end{array}$	58) $\begin{array}{r} 40 \\ -12 \\ \hline \end{array}$	59) $\begin{array}{r} 92 \\ -13 \\ \hline \end{array}$	60) $\begin{array}{r} 74 \\ -66 \\ \hline \end{array}$

Assignment 61

Name _____   Score _____

1) 25
 − 14

2) 39
 − 11

3) 89
 − 17

4) 92
 − 43

5) 31
 − 22

6) 88
 − 36

7) 92
 − 51

8) 34
 − 15

9) 96
 − 90

10) 68
 − 42

11) 81
 − 44

12) 63
 − 46

13) 95
 − 81

14) 78
 − 13

15) 27
 − 25

16) 49
 − 17

17) 90
 − 72

18) 71
 − 44

19) 83
 − 68

20) 95
 − 29

21) 37
 − 17

22) 89
 − 18

23) 70
 − 16

24) 92
 − 34

25) 75
 − 13

26) 68
 − 12

27) 91
 − 68

28) 93
 − 46

29) 46
 − 24

30) 99
 − 12

31) 52
 − 23

32) 86
 − 25

33) 94
 − 35

34) 48
 − 18

35) 29
 − 17

36) 90
 − 46

37) 43
 − 40

38) 98
 − 13

39) 80
 − 73

40) 77
 − 31

41) 91
 − 70

42) 92
 − 42

43) 25
 − 17

44) 66
 − 23

45) 98
 − 12

46) 47
 − 23

47) 52
 − 16

48) 84
 − 44

49) 48
 − 10

50) 54
 − 38

51) 91
 − 28

52) 79
 − 23

53) 93
 − 45

54) 55
 − 30

55) 91
 − 52

56) 63
 − 18

57) 94
 − 39

58) 85
 − 52

59) 43
 − 30

60) 87
 − 27

Assignment 62

Name _____   Score _____

1)   543
   − 412

2)   469
   − 307

3)   584
   − 251

4)   565
   − 431

5)   923
   − 110

6)   757
   − 412

7)   976
   − 553

8)   749
   − 418

9)   968
   − 442

10)   746
   − 315

11)   989
   − 730

12)   487
   − 140

13)   765
   − 642

14)   828
   − 117

15)   768
   − 353

16)   489
   − 225

17)   849
   − 107

18)   957
   − 314

19)   748
   − 425

20)   687
   − 132

Subtracting two numbers (no regrouping), 100 − 999

Assignment 63

1) 986
− 144

2) 873
− 151

3) 864
− 631

4) 586
− 472

5) 673
− 140

6) 374
− 162

7) 858
− 205

8) 499
− 334

9) 678
− 451

10) 744
− 212

11) 597
− 284

12) 864
− 642

13) 498
− 117

14) 967
− 134

15) 894
− 230

16) 597
− 314

17) 873
− 261

18) 875
− 240

19) 974
− 512

20) 538
− 313

Assignment 64

1)   957
   − 420

2)   794
   − 301

3)   987
   − 115

4)   564
   − 422

5)   686
   − 213

6)   797
   − 453

7)   379
   − 128

8)   665
   − 533

9)   897
   − 105

10)   963
   − 230

11)   578
   − 244

12)   886
   − 643

13)   948
   − 131

14)   875
   − 233

15)   788
   − 435

16)   486
   − 322

17)   679
   − 264

18)   786
   − 270

19)   972
   − 601

20)   898
   − 325

Assignment 65

1)   526
  − 447

2)   485
  − 299

3)   830
  − 563

4)   454
  − 326

5)   943
  − 196

6)   674
  − 186

7)   360
  − 119

8)   593
  − 216

9)   964
  − 286

10)   717
  − 329

11)   845
  − 387

12)   830
  − 452

13)   570
  − 364

14)   844
  − 176

15)   642
  − 495

16)   981
  − 298

17)   813
  − 335

18)   743
  − 169

19)   477
  − 148

20)   982
  − 735

Subtracting two numbers (regrouping), 100 − 999

Assignment 66

Name _____   Score _____

1)   476
   − 149

2)   912
   − 256

3)   884
   − 396

4)   508
   − 419

5)   640
   − 163

6)   973
   − 197

7)   723
   − 259

8)   454
   − 387

9)   772
   − 583

10)   445
   − 157

11)   552
   − 275

12)   762
   − 345

13)   934
   − 185

14)   656
   − 279

15)   940
   − 353

16)   774
   − 396

17)   752
   − 678

18)   823
   − 265

19)   496
   − 257

20)   352
   − 174

     Subtracting two numbers (regrouping), 100 – 999

Assignment 67

Name _____   Score _____

1)   847
   − 458

2)   767
   − 189

3)   920
   − 151

4)   682
   − 499

5)   603
   − 238

6)   920
   − 466

7)   340
   − 172

8)   748
   − 559

9)   833
   − 187

10)   672
   − 296

11)   541
   − 283

12)   858
   − 679

13)   902
   − 166

14)   845
   − 287

15)   750
   − 467

16)   945
   − 638

17)   642
   − 254

18)   718
   − 229

19)   943
   − 665

20)   844
   − 379

     Subtracting two numbers (regrouping), 100 − 999

Assignment 68

Name _____   Score _____

1) **643 – _____ = 191**

2) **769 – _____ = 442**

3) **684 – _____ = 328**

4) **465 – _____ = 184**

5) **723 – _____ = 573**

6) **557 – _____ = 385**

7) **986 – _____ = 329**

8) **649 – _____ = 181**

9) **938 – _____ = 366**

10) **776 – _____ = 478**

11) **889 – _____ = 299**

12) **687 – _____ = 539**

13) **705 – _____ = 263**

14) **812 – _____ = 692**

15) **668 – _____ = 295**

16) **789 – _____ = 494**

17) **349 – _____ = 182**

18) **957 – _____ = 193**

19) **648 – _____ = 187**

20) **787 – _____ = 595**

Find the missing number, 100 – 999

Assignment 69

Name _____   Score _____

1) $786 - \underline{\quad\quad} = 192$

2) $473 - \underline{\quad\quad} = 282$

3) $964 - \underline{\quad\quad} = 392$

4) $580 - \underline{\quad\quad} = 139$

5) $973 - \underline{\quad\quad} = 693$

6) $434 - \underline{\quad\quad} = 271$

7) $728 - \underline{\quad\quad} = 319$

8) $449 - \underline{\quad\quad} = 275$

9) $878 - \underline{\quad\quad} = 497$

10) $344 - \underline{\quad\quad} = 127$

11) $487 - \underline{\quad\quad} = 198$

12) $764 - \underline{\quad\quad} = 267$

13) $598 - \underline{\quad\quad} = 479$

14) $367 - \underline{\quad\quad} = 213$

15) $891 - \underline{\quad\quad} = 665$

16) $597 - \underline{\quad\quad} = 283$

17) $873 - \underline{\quad\quad} = 612$

18) $875 - \underline{\quad\quad} = 735$

19) $974 - \underline{\quad\quad} = 462$

20) $538 - \underline{\quad\quad} = 225$

Find the missing number, 100 – 999

Assignment 70

Name _____   Score _____

1) **947 − _____ = 518**

2) **694 − _____ = 387**

3) **926 − _____ = 769**

4) **660 − _____ = 229**

5) **786 − _____ = 668**

6) **687 − _____ = 228**

7) **479 − _____ = 287**

8) **965 − _____ = 426**

9) **697 − _____ = 589**

10) **933 − _____ = 683**

11) **598 − _____ = 349**

12) **846 − _____ = 169**

13) **928 − _____ = 798**

14) **835 − _____ = 572**

15) **782 − _____ = 337**

16) **546 − _____ = 184**

17) **578 − _____ = 409**

18) **733 − _____ = 706**

19) **942 − _____ = 281**

20) **891 − _____ = 576**

Find the missing number, 100 – 999

Assignment 71

Name _____   Score _____

1) 512
− 423

2) 633
− 262

3) 831
− 723

4) 564
− 144

5) 975
− 658

6) 246
− 162

7) 367
− 175

8) 798
− 182

9) 949
− 196

10) 810
− 302

11) 541
− 224

12) 343
− 141

13) 465
− 251

14) 766
− 615

15) 287
− 172

16) 988
− 277

17) 679
− 382

18) 365
− 342

19) 724
− 421

20) 845
− 516

21) 664
− 449

22) 886
− 663

23) 217
− 177

24) 883
− 248

25) 975
− 319

26) 407
− 203

27) 895
− 254

28) 531
− 117

29) 662
− 211

30) 493
− 325

31) 524
− 421

32) 545
− 195

33) 638
− 356

34) 907
− 577

35) 871
− 398

36) 639
− 292

37) 754
− 142

38) 575
− 505

39) 986
− 638

40) 671
− 237

41) 858
− 589

42) 969
− 794

43) 860
− 701

44) 923
− 432

45) 383
− 324

46) 894
− 146

47) 915
− 257

48) 606
− 260

49) 765
− 318

50) 983
− 150

51) 981
− 232

52) 913
− 414

53) 725
− 629

54) 847
− 158

55) 969
− 404

56) 441
− 226

57) 983
− 524

58) 405
− 162

59) 927
− 183

60) 749
− 606

Subtraction Timed Test, 100 − 999

Assignment 72

1) 205
− 141

2) 392
− 135

3) 489
− 175

4) 926
− 473

5) 318
− 292

6) 880
− 136

7) 922
− 531

8) 344
− 155

9) 966
− 790

10) 868
− 429

11) 810
− 414

12) 623
− 436

13) 954
− 851

14) 786
− 173

15) 579
− 285

16) 490
− 117

17) 920
− 372

18) 714
− 544

19) 836
− 687

20) 985
− 299

21) 307
− 171

22) 892
− 318

23) 704
− 516

24) 926
− 734

25) 705
− 131

26) 682
− 311

27) 914
− 568

28) 936
− 476

29) 468
− 294

30) 991
− 102

31) 523
− 423

32) 865
− 263

33) 947
− 385

34) 489
− 108

35) 291
− 127

36) 903
− 446

37) 435
− 406

38) 987
− 183

39) 809
− 703

40) 771
− 321

41) 913
− 740

42) 925
− 462

43) 257
− 187

44) 669
− 203

45) 981
− 122

46) 473
− 243

47) 525
− 166

48) 847
− 484

49) 498
− 101

50) 542
− 338

51) 941
− 258

52) 796
− 273

53) 938
− 495

54) 550
− 301

55) 912
− 532

56) 643
− 158

57) 946
− 397

58) 748
− 592

59) 433
− 340

60) 875
− 257

Subtraction Timed Test, 100 – 999

Part 3
Addition & Subtraction

Assignment 73

Name _____   Score _____

1)   **6**
  − 3

2)   **9**
  + 4

3)   **7**
  − 5

4)   **7**
  + 8

5)   **4**
  − 3

6)   **6**
  + 2

7)   **7**
  − 1

8)   **5**
  + 3

9)   **8**
  − 4

10)   **7**
  + 6

11)   **8**
  − 7

12)   **9**
  + 3

13)   **6**
  − 5

14)   **7**
  + 2

15)   **4**
  − 2

16)   **9**
  + 5

17)   **6**
  − 4

18)   **4**
  + 1

19)   **8**
  − 3

20)   **8**
  + 5

     Adding & subtracting two numbers, 0 – 9

Assignment 74

1) $\begin{array}{r} 4 \\ -\ 2 \\ \hline \end{array}$

2) $\begin{array}{r} 8 \\ +\ 2 \\ \hline \end{array}$

3) $\begin{array}{r} 5 \\ -\ 3 \\ \hline \end{array}$

4) $\begin{array}{r} 6 \\ +\ 6 \\ \hline \end{array}$

5) $\begin{array}{r} 9 \\ -\ 3 \\ \hline \end{array}$

6) $\begin{array}{r} 3 \\ +\ 1 \\ \hline \end{array}$

7) $\begin{array}{r} 5 \\ -\ 2 \\ \hline \end{array}$

8) $\begin{array}{r} 7 \\ +\ 6 \\ \hline \end{array}$

9) $\begin{array}{r} 9 \\ -\ 5 \\ \hline \end{array}$

10) $\begin{array}{r} 9 \\ +\ 8 \\ \hline \end{array}$

11) $\begin{array}{r} 7 \\ -\ 5 \\ \hline \end{array}$

12) $\begin{array}{r} 9 \\ +\ 6 \\ \hline \end{array}$

13) $\begin{array}{r} 6 \\ -\ 4 \\ \hline \end{array}$

14) $\begin{array}{r} 9 \\ +\ 7 \\ \hline \end{array}$

15) $\begin{array}{r} 6 \\ -\ 1 \\ \hline \end{array}$

16) $\begin{array}{r} 8 \\ +\ 6 \\ \hline \end{array}$

17) $\begin{array}{r} 9 \\ -\ 4 \\ \hline \end{array}$

18) $\begin{array}{r} 9 \\ +\ 1 \\ \hline \end{array}$

19) $\begin{array}{r} 7 \\ -\ 4 \\ \hline \end{array}$

20) $\begin{array}{r} 2 \\ +\ 0 \\ \hline \end{array}$

Adding & subtracting two numbers, 0 – 9

Assignment 75

Name _____   Score _____

1) $9 - 6$

2) $6 + 1$

3) $4 - 3$

4) $9 + 0$

5) $3 - 2$

6) $6 + 5$

7) $7 - 0$

8) $9 + 4$

9) $5 - 2$

10) $7 + 4$

11) $6 - 2$

12) $8 + 3$

13) $5 - 5$

14) $8 + 1$

15) $9 - 2$

16) $9 + 8$

17) $7 - 3$

18) $3 + 0$

19) $5 - 4$

20) $8 + 6$

Assignment 76

1) 9 − 1	2) 7 + 7	3) 6 − 4	4) 8 + 6	5) 8 − 4	6) 7 + 4
7) 2 − 2	8) 7 + 5	9) 5 − 4	10) 5 + 5	11) 6 − 0	12) 8 + 5
13) 5 − 2	14) 6 + 3	15) 3 − 3	16) 6 + 2	17) 8 − 0	18) 4 + 2
19) 9 − 7	20) 8 + 7	21) 9 − 6	22) 5 + 1	23) 7 − 3	24) 6 + 1
25) 3 − 1	26) 9 + 4	27) 3 − 2	28) 8 + 3	29) 5 − 3	30) 6 + 5
31) 4 − 4	32) 8 + 1	33) 2 − 0	34) 9 + 4	35) 2 − 1	36) 7 + 6
37) 9 − 5	38) 4 + 2	39) 6 − 3	40) 9 + 8	41) 9 − 3	42) 3 + 0
43) 7 − 2	44) 4 + 0	45) 8 − 2	46) 7 + 0	47) 9 − 1	48) 8 + 8
49) 7 − 7	50) 4 + 1	51) 4 − 3	52) 9 + 5	53) 5 − 3	54) 4 + 3
55) 9 − 2	56) 5 + 0	57) 7 − 1	58) 8 + 4	59) 9 − 3	60) 6 + 6

Assignment 77

Name _____   Score _____

1) 8 − 6	2) 5 + 3	3) 9 − 6	4) 4 + 1	5) 4 − 2	6) 9 + 1
7) 7 − 1	8) 8 + 8	9) 6 − 3	10) 7 + 3	11) 2 − 0	12) 8 + 4
13) 4 − 4	14) 3 + 1	15) 6 − 4	16) 7 + 2	17) 5 − 4	18) 5 + 0
19) 9 − 7	20) 5 + 5	21) 5 − 1	22) 9 + 2	23) 6 − 1	24) 6 + 0
25) 9 − 5	26) 7 + 7	27) 8 − 7	28) 3 + 3	29) 3 − 2	30) 8 + 3
31) 8 − 5	32) 2 + 1	33) 9 − 0	34) 9 + 4	35) 1 − 0	36) 6 + 6
37) 9 − 8	38) 7 + 6	39) 9 − 3	40) 6 + 4	41) 9 − 6	42) 8 + 2
43) 5 − 2	44) 8 + 4	45) 2 − 2	46) 8 + 0	47) 1 − 1	48) 7 + 4
49) 8 − 1	50) 9 + 2	51) 3 − 0	52) 7 + 5	53) 5 − 5	54) 4 + 0
55) 9 − 5	56) 9 + 4	57) 7 − 0	58) 6 + 5	59) 4 − 3	60) 6 + 2

Assignment 78

1) $\begin{array}{r} 46 \\ -\ 33 \\ \hline \end{array}$
2) $\begin{array}{r} 92 \\ +\ 40 \\ \hline \end{array}$
3) $\begin{array}{r} 71 \\ -\ 54 \\ \hline \end{array}$
4) $\begin{array}{r} 37 \\ +\ 61 \\ \hline \end{array}$
5) $\begin{array}{r} 43 \\ -\ 32 \\ \hline \end{array}$

6) $\begin{array}{r} 76 \\ +\ 21 \\ \hline \end{array}$
7) $\begin{array}{r} 97 \\ -\ 14 \\ \hline \end{array}$
8) $\begin{array}{r} 25 \\ +\ 40 \\ \hline \end{array}$
9) $\begin{array}{r} 64 \\ -\ 38 \\ \hline \end{array}$
10) $\begin{array}{r} 87 \\ +\ 16 \\ \hline \end{array}$

11) $\begin{array}{r} 98 \\ -\ 67 \\ \hline \end{array}$
12) $\begin{array}{r} 29 \\ +\ 43 \\ \hline \end{array}$
13) $\begin{array}{r} 86 \\ -\ 45 \\ \hline \end{array}$
14) $\begin{array}{r} 27 \\ +\ 12 \\ \hline \end{array}$
15) $\begin{array}{r} 74 \\ -\ 62 \\ \hline \end{array}$

16) $\begin{array}{r} 39 \\ +\ 55 \\ \hline \end{array}$
17) $\begin{array}{r} 91 \\ -\ 49 \\ \hline \end{array}$
18) $\begin{array}{r} 84 \\ +\ 11 \\ \hline \end{array}$
19) $\begin{array}{r} 72 \\ -\ 13 \\ \hline \end{array}$
20) $\begin{array}{r} 85 \\ +\ 98 \\ \hline \end{array}$

Adding & subtracting two numbers, 10 – 99

Assignment 79

Name _____   Score _____

1) $\begin{array}{r} 26 \\ -\ 14 \\ \hline \end{array}$
2) $\begin{array}{r} 38 \\ +\ 42 \\ \hline \end{array}$
3) $\begin{array}{r} 95 \\ -\ 65 \\ \hline \end{array}$
4) $\begin{array}{r} 46 \\ +\ 36 \\ \hline \end{array}$
5) $\begin{array}{r} 89 \\ -\ 73 \\ \hline \end{array}$

6) $\begin{array}{r} 23 \\ +\ 11 \\ \hline \end{array}$
7) $\begin{array}{r} 85 \\ -\ 32 \\ \hline \end{array}$
8) $\begin{array}{r} 67 \\ +\ 28 \\ \hline \end{array}$
9) $\begin{array}{r} 59 \\ -\ 35 \\ \hline \end{array}$
10) $\begin{array}{r} 49 \\ +\ 28 \\ \hline \end{array}$

11) $\begin{array}{r} 70 \\ -\ 51 \\ \hline \end{array}$
12) $\begin{array}{r} 39 \\ +\ 16 \\ \hline \end{array}$
13) $\begin{array}{r} 44 \\ -\ 22 \\ \hline \end{array}$
14) $\begin{array}{r} 83 \\ +\ 57 \\ \hline \end{array}$
15) $\begin{array}{r} 66 \\ -\ 31 \\ \hline \end{array}$

16) $\begin{array}{r} 48 \\ +\ 37 \\ \hline \end{array}$
17) $\begin{array}{r} 98 \\ -\ 50 \\ \hline \end{array}$
18) $\begin{array}{r} 90 \\ +\ 33 \\ \hline \end{array}$
19) $\begin{array}{r} 47 \\ -\ 14 \\ \hline \end{array}$
20) $\begin{array}{r} 62 \\ +\ 30 \\ \hline \end{array}$

Adding & subtracting two numbers, 10 – 99

Assignment 80

Name _____   Score _____

1)   29
   − 16

2)   46
   + 31

3)   64
   − 13

4)   39
   + 20

5)   53
   − 42

6)   66
   + 75

7)   47
   − 27

8)   19
   + 54

9)   62
   − 45

10)   57
   + 34

11)   92
   − 76

12)   38
   + 53

13)   77
   − 26

14)   68
   + 41

15)   82
   − 79

16)   69
   + 28

17)   93
   − 57

18)   43
   + 30

19)   55
   − 13

20)   78
   + 96

Assignment 81

Name _____   Score _____

1) 89 − 24	2) 49 + 25	3) 75 − 12	4) 61 + 23	5) 46 − 41	6) 53 + 17
7) 66 − 49	8) 83 + 24	9) 66 − 11	10) 45 + 19	11) 71 − 39	12) 88 + 63
13) 97 − 68	14) 90 + 57	15) 86 − 71	16) 58 + 50	17) 85 − 59	18) 93 + 43
19) 98 − 38	20) 44 + 26	21) 36 − 15	22) 34 + 11	23) 38 − 24	24) 79 + 12
25) 92 − 13	26) 84 + 17	27) 52 − 41	28) 24 + 12	29) 94 − 16	30) 63 + 26
31) 74 − 66	32) 81 + 32	33) 72 − 49	34) 76 + 15	35) 54 − 34	36) 91 + 14
37) 81 − 72	38) 98 + 27	39) 72 − 21	40) 56 + 14	41) 67 − 32	42) 40 + 12
43) 28 − 12	44) 65 + 52	45) 21 − 17	46) 83 + 15	47) 98 − 28	48) 98 + 32
49) 96 − 44	50) 89 + 13	51) 60 − 20	52) 63 + 22	53) 38 − 35	54) 47 + 20
55) 65 − 31	56) 84 + 45	57) 91 − 27	58) 96 + 74	59) 75 − 31	60) 52 + 21

Assignment 82

Name _____   Score _____

1) 37
  − 17

2) 92
  + 34

3) 83
  − 68

4) 49
  + 17

5) 95
  − 81

6) 71
  + 44

7) 46
  − 24

8) 68
  + 11

9) 27
  − 25

10) 93
  + 46

11) 70
  − 16

12) 89
  + 18

13) 71
  − 22

14) 99
  + 12

15) 96
  − 90

16) 92
  + 43

17) 75
  − 13

18) 88
  + 36

19) 89
  − 17

20) 91
  + 68

21) 25
  − 14

22) 63
  + 46

23) 81
  − 44

24) 39
  + 11

25) 90
  − 72

26) 34
  + 15

27) 95
  − 29

28) 68
  + 42

29) 92
  − 51

30) 78
  + 13

31) 98
  − 12

32) 75
  + 30

33) 43
  − 30

34) 54
  + 38

35) 91
  − 28

36) 63
  + 18

37) 94
  − 39

38) 79
  + 23

39) 87
  − 27

40) 94
  + 52

41) 48
  − 10

42) 84
  + 44

43) 93
  − 45

44) 47
  + 23

45) 98
  − 12

46) 36
  + 22

47) 52
  − 16

48) 92
  + 42

49) 91
  − 70

50) 48
  + 18

51) 29
  − 17

52) 19
  + 13

53) 25
  − 17

54) 86
  + 25

55) 74
  − 52

56) 90
  + 46

57) 43
  − 40

58) 77
  + 31

59) 94
  − 35

60) 80
  + 73

Assignment 83

Name _____   Score _____

1) $\begin{array}{r} 461 \\ -\ 323 \\ \hline \end{array}$	2) $\begin{array}{r} 923 \\ +\ 404 \\ \hline \end{array}$	3) $\begin{array}{r} 715 \\ -\ 564 \\ \hline \end{array}$	4) $\begin{array}{r} 377 \\ +\ 681 \\ \hline \end{array}$	5) $\begin{array}{r} 439 \\ -\ 302 \\ \hline \end{array}$
6) $\begin{array}{r} 761 \\ +\ 212 \\ \hline \end{array}$	7) $\begin{array}{r} 973 \\ -\ 144 \\ \hline \end{array}$	8) $\begin{array}{r} 255 \\ +\ 460 \\ \hline \end{array}$	9) $\begin{array}{r} 647 \\ -\ 388 \\ \hline \end{array}$	10) $\begin{array}{r} 897 \\ +\ 160 \\ \hline \end{array}$
11) $\begin{array}{r} 981 \\ -\ 627 \\ \hline \end{array}$	12) $\begin{array}{r} 293 \\ +\ 443 \\ \hline \end{array}$	13) $\begin{array}{r} 865 \\ -\ 464 \\ \hline \end{array}$	14) $\begin{array}{r} 277 \\ +\ 128 \\ \hline \end{array}$	15) $\begin{array}{r} 749 \\ -\ 602 \\ \hline \end{array}$
16) $\begin{array}{r} 391 \\ +\ 525 \\ \hline \end{array}$	17) $\begin{array}{r} 913 \\ -\ 449 \\ \hline \end{array}$	18) $\begin{array}{r} 845 \\ +\ 161 \\ \hline \end{array}$	19) $\begin{array}{r} 727 \\ -\ 183 \\ \hline \end{array}$	20) $\begin{array}{r} 859 \\ +\ 980 \\ \hline \end{array}$

Assignment 84

Name _____   Score _____

1)   260
   − 114

2)   382
   + 432

3)   954
   − 155

4)   466
   + 376

5)   898
   − 793

6)   230
   + 112

7)   851
   − 332

8)   974
   + 258

9)   596
   − 375

10)   498
   + 297

11)   701
   − 510

12)   392
   + 136

13)   445
   − 242

14)   836
   + 757

15)   669
   − 301

16)   481
   + 327

17)   983
   − 540

18)   905
   + 363

19)   477
   − 184

20)   629
   + 304

Assignment 85

Name _____   Score _____

1)   298
   − 176

2)   467
   + 361

3)   645
   − 134

4)   392
   + 210

5)   503
   − 421

6)   662
   + 735

7)   474
   − 257

8)   196
   + 574

9)   628
   − 459

10)   570
   + 134

11)   922
   − 376

12)   535
   + 384

13)   776
   − 267

14)   688
   + 491

15)   829
   − 791

16)   609
   + 281

17)   932
   − 357

18)   434
   + 305

19)   655
   − 147

20)   788
   + 964

        Adding & subtracting two numbers, 100 − 999

Assignment 86

1) 412
− 225

2) 723
+ 282

3) 932
− 643

4) 664
+ 143

5) 773
− 628

6) 146
+ 562

7) 467
− 145

8) 598
+ 162

9) 749
− 186

10) 910
+ 312

11) 341
− 244

12) 543
+ 161

13) 475
− 258

14) 796
+ 605

15) 887
− 112

16) 928
+ 377

17) 649
− 582

18) 665
+ 347

19) 784
− 429

20) 805
+ 531

21) 464
− 249

22) 856
+ 643

23) 717
− 187

24) 893
+ 240

25) 971
− 329

26) 455
+ 243

27) 855
− 654

28) 731
+ 187

29) 692
− 201

30) 491
+ 225

31) 523
− 441

32) 546
+ 155

33) 678
− 359

34) 917
+ 507

35) 821
− 393

36) 649
+ 252

37) 756
− 172

38) 875
+ 509

39) 980
− 618

40) 621
+ 337

41) 848
− 559

42) 966
+ 797

43) 868
− 791

44) 903
+ 132

45) 323
− 124

46) 844
+ 156

47) 615
− 277

48) 686
+ 960

49) 760
− 311

50) 982
+ 350

51) 984
− 252

52) 916
+ 714

53) 728
− 619

54) 807
+ 358

55) 964
− 405

56) 446
+ 726

57) 988
− 291

58) 425
+ 132

59) 924
− 583

60) 769
+ 676

Assignment 87

Name _____   Score _____

1)   401
 − 142

2)   393
 + 230

3)   589
 − 165

4)   726
 + 483

5)   918
 − 290

6)   881
 + 126

7)   923
 − 541

8)   345
 + 156

9)   976
 − 798

10)   898
 + 409

11)   811
 − 424

12)   633
 + 434

13)   956
 − 551

14)   787
 + 873

15)   599
 − 280

16)   491
 + 217

17)   923
 − 342

18)   715
 + 564

19)   837
 − 688

20)   989
 + 209

21)   317
 − 121

22)   893
 + 418

23)   754
 − 566

24)   976
 + 738

25)   695
 − 140

26)   781
 + 323

27)   813
 − 538

28)   435
 + 166

29)   667
 − 294

30)   801
 + 142

31)   524
 − 323

32)   565
 + 266

33)   977
 − 484

34)   485
 + 168

35)   297
 − 128

36)   909
 + 406

37)   431
 − 206

38)   937
 + 143

39)   859
 − 603

40)   741
 + 325

41)   613
 − 347

42)   985
 + 469

43)   250
 − 117

44)   662
 + 233

45)   941
 − 522

46)   476
 + 273

47)   528
 − 169

48)   807
 + 484

49)   598
 − 161

50)   742
 + 388

51)   949
 − 208

52)   791
 + 272

53)   933
 − 445

54)   556
 + 351

55)   917
 − 582

56)   649
 + 150

57)   641
 − 297

58)   943
 + 492

59)   453
 − 346

60)   877
 + 258

Answer Keys

Assignment 1

1) 7	11) 16
2) 6	12) 12
3) 13	13) 14
4) 9	14) 8
5) 3	15) 11
6) 6	16) 9
7) 9	17) 11
8) 11	18) 5
9) 5	19) 15
10) 10	20) 4

Assignment 2

1) 15	11) 7
2) 10	12) 12
3) 14	13) 17
4) 15	14) 10
5) 7	15) 12
6) 2	16) 8
7) 12	17) 13
8) 11	18) 10
9) 13	19) 14
10) 6	20) 4

Assignment 3

1) 9	11) 5
2) 10	12) 14
3) 17	13) 9
4) 10	14) 7
5) 8	15) 11
6) 13	16) 8
7) 3	17) 7
8) 11	18) 9
9) 9	19) 15
10) 11	20) 12

Assignment 4

1) 15	11) 16
2) 11	12) 15
3) 19	13) 17
4) 10	14) 20
5) 14	15) 19
6) 11	16) 13
7) 18	17) 17
8) 15	18) 8
9) 13	19) 14
10) 22	20) 23

Assignment 5

1) 16	11) 23
2) 10	12) 22
3) 24	13) 18
4) 14	14) 16
5) 19	15) 6
6) 11	16) 8
7) 13	17) 21
8) 21	18) 15
9) 18	19) 19
10) 17	20) 24

Assignment 6

1) 14	11) 6
2) 12	12) 17
3) 22	13) 13
4) 14	14) 18
5) 13	15) 17
6) 15	16) 7
7) 9	17) 10
8) 20	18) 24
9) 19	19) 21
10) 23	20) 16

Assignment 7

1) 4	11) 7
2) 0	12) 4
3) 5	13) 5
4) 8	14) 0
5) 1	15) 6
6) 2	16) 2
7) 5	17) 8
8) 9	18) 3
9) 1	19) 4
10) 8	20) 6

Assignment 8

1) 7	11) 3
2) 1	12) 7
3) 5	13) 9
4) 9	14) 7
5) 3	15) 4
6) 5	16) 5
7) 8	17) 8
8) 6	18) 4
9) 3	19) 8
10) 2	20) 3

Assignment 9

1) 5	11) 2
2) 3	12) 6
3) 9	13) 0
4) 4	14) 5
5) 7	15) 7
6) 1	16) 3
7) 7	17) 6
8) 6	18) 7
9) 0	19) 2
10) 8	20) 6

Assignment 10

1) 9	11) 5	21) 11	31) 10	41) 12	51) 9
2) 13	12) 3	22) 14	32) 5	42) 13	52) 14
3) 15	13) 8	23) 3	33) 6	43) 14	53) 16
4) 6	14) 13	24) 16	34) 10	44) 13	54) 12
5) 15	15) 2	25) 12	35) 5	45) 10	55) 14
6) 4	16) 17	26) 4	36) 12	46) 7	56) 6
7) 11	17) 12	27) 10	37) 9	47) 11	57) 11
8) 10	18) 11	28) 7	38) 5	48) 7	58) 7
9) 18	19) 9	29) 6	39) 7	49) 9	59) 10
10) 4	20) 12	30) 6	40) 8	50) 8	60) 8

Assignment 11

1) 5	11) 13	21) 4	31) 7	41) 15	51) 8
2) 15	12) 12	22) 8	32) 16	42) 11	52) 9
3) 6	13) 17	23) 11	33) 9	43) 8	53) 13
4) 13	14) 13	24) 8	34) 5	44) 11	54) 5
5) 9	15) 4	25) 12	35) 12	45) 18	55) 14
6) 11	16) 7	26) 8	36) 8	46) 11	56) 7
7) 14	17) 16	27) 15	37) 10	47) 6	57) 12
8) 3	18) 12	28) 14	38) 4	48) 12	58) 11
9) 9	19) 14	29) 6	39) 9	49) 9	59) 7
10) 10	20) 11	30) 10	40) 10	50) 10	60) 10

Assignment 12

1) 72	11) 88
2) 78	12) 98
3) 99	13) 95
4) 77	14) 42
5) 83	15) 76
6) 59	16) 68
7) 48	17) 67
8) 89	18) 58
9) 74	19) 78
10) 69	20) 39

Assignment 13

1) 89	11) 80
2) 86	12) 39
3) 98	13) 46
4) 77	14) 79
5) 85	15) 58
6) 88	16) 37
7) 98	17) 93
8) 66	18) 47
9) 59	19) 79
10) 56	20) 64

Assignment 14

1) 29	11) 65
2) 68	12) 97
3) 59	13) 27
4) 69	14) 84
5) 97	15) 36
6) 94	16) 77
7) 63	17) 58
8) 57	18) 38
9) 58	19) 64
10) 62	20) 68

Assignment 15

1) 91	11) 95
2) 101	12) 101
3) 120	13) 171
4) 81	14) 93
5) 160	15) 82
6) 61	16) 70
7) 83	17) 131
8) 102	18) 112
9) 92	19) 83
10) 73	20) 41

Assignment 16

1) 91	11) 150
2) 63	12) 42
3) 100	13) 70
4) 81	14) 83
5) 131	15) 61
6) 166	16) 82
7) 142	17) 102
8) 71	18) 57
9) 61	19) 126
10) 72	20) 111

Assignment 17

1) 33	11) 83
2) 142	12) 105
3) 112	13) 114
4) 50	14) 100
5) 52	15) 82
6) 61	16) 122
7) 83	17) 101
8) 72	18) 43
9) 131	19) 142
10) 151	20) 94

Assignment 18

1) 75	11) 166
2) 161	12) 195
3) 149	13) 127
4) 170	14) 140
5) 193	15) 153
6) 221	16) 173
7) 81	17) 127
8) 205	18) 158
9) 163	19) 144
10) 132	20) 63

Assignment 19

1) 173	11) 242
2) 98	12) 228
3) 113	13) 200
4) 156	14) 175
5) 195	15) 51
6) 113	16) 102
7) 144	17) 177
8) 216	18) 161
9) 181	19) 156
10) 187	20) 180

Assignment 20

1) 148	11) 96
2) 139	12) 180
3) 233	13) 139
4) 147	14) 197
5) 150	15) 176
6) 153	16) 81
7) 107	17) 116
8) 213	18) 260
9) 195	19) 220
10) 231	20) 172

Assignment 21

1) 51	11) 28
2) 37	12) 26
3) 48	13) 84
4) 38	14) 27
5) 85	15) 68
6) 43	16) 41
7) 56	17) 98
8) 65	18) 67
9) 44	19) 26
10) 14	20) 18

Assignment 22

1) 12	11) 97
2) 28	12) 13
3) 14	13) 17
4) 24	14) 38
5) 68	15) 42
6) 88	16) 19
7) 58	17) 26
8) 51	18) 20
9) 36	19) 56
10) 38	20) 95

Assignment 23

1) 16	11) 42
2) 99	12) 37
3) 48	13) 58
4) 19	14) 53
5) 28	15) 45
6) 12	16) 29
7) 67	17) 40
8) 27	18) 18
9) 34	19) 89
10) 80	20) 54

Assignment 24

1) 93	11) 56	21) 115	31) 79	41) 131	51) 101
2) 106	12) 49	22) 153	32) 67	42) 139	52) 145
3) 157	13) 87	23) 35	33) 76	43) 169	53) 152
4) 62	14) 143	24) 170	34) 111	44) 140	54) 128
5) 159	15) 78	25) 133	35) 103	45) 55	55) 122
6) 47	16) 171	26) 84	36) 129	46) 88	56) 69
7) 57	17) 130	27) 110	37) 90	47) 123	57) 116
8) 126	18) 121	28) 112	38) 86	48) 81	58) 85
9) 186	19) 99	29) 80	39) 77	49) 89	59) 109
10) 118	20) 134	30) 108	40) 91	50) 96	60) 136

Assignment 25

1) 62	11) 144	21) 95	31) 82	41) 159	51) 104
2) 85	12) 127	22) 98	32) 171	42) 125	52) 40
3) 115	13) 182	23) 112	33) 99	43) 121	53) 139
4) 108	14) 137	24) 89	34) 62	44) 97	54) 101
5) 63	15) 45	25) 103	35) 132	45) 185	55) 147
6) 123	16) 80	26) 93	36) 129	46) 114	56) 79
7) 149	17) 172	27) 167	37) 90	47) 71	57) 136
8) 41	18) 130	28) 146	38) 51	48) 131	58) 122
9) 142	19) 151	29) 68	39) 72	49) 105	59) 77
10) 107	20) 117	30) 109	40) 110	50) 113	60) 106

Assignment 26

1) 726	11) 884
2) 488	12) 983
3) 994	13) 917
4) 797	14) 567
5) 334	15) 716
6) 589	16) 678
7) 897	17) 617
8) 495	18) 598
9) 739	19) 778
10) 668	20) 393

Assignment 27

1) 892	11) 806
2) 869	12) 398
3) 987	13) 698
4) 776	14) 793
5) 858	15) 582
6) 883	16) 795
7) 918	17) 936
8) 661	18) 477
9) 599	19) 995
10) 565	20) 647

Assignment 28

1) 293	11) 657
2) 684	12) 975
3) 596	13) 276
4) 699	14) 847
5) 978	15) 368
6) 946	16) 766
7) 636	17) 587
8) 577	18) 388
9) 588	19) 649
10) 625	20) 881

Assignment 29

1) 921	11) 961
2) 1,021	12) 1,023
3) 1,223	13) 1,722
4) 824	14) 634
5) 1,613	15) 833
6) 627	16) 710
7) 843	17) 1,312
8) 1,030	18) 1,131
9) 931	19) 847
10) 742	20) 421

Assignment 30

1) 923	11) 1,513
2) 944	12) 433
3) 1,012	13) 718
4) 821	14) 841
5) 1,324	15) 626
6) 1,674	16) 832
7) 1,432	17) 1,032
8) 721	18) 523
9) 621	19) 1,272
10) 737	20) 1,125

Assignment 31

1) 341	11) 843
2) 1,432	12) 1,063
3) 1,135	13) 1,152
4) 510	14) 1,011
5) 536	15) 831
6) 612	16) 1,232
7) 842	17) 1,023
8) 731	18) 447
9) 1,320	19) 1,424
10) 1,526	20) 920

Assignment 32

1) 760	11) 1,669
2) 1,061	12) 1,595
3) 2,349	13) 1,327
4) 1,718	14) 1,413
5) 1,941	15) 1,547
6) 2,229	16) 1,750
7) 801	17) 1,283
8) 2,067	18) 1,597
9) 1,650	19) 1,451
10) 1,331	20) 643

Assignment 33

1) 1,746	11) 2,576
2) 798	12) 2,121
3) 1,145	13) 1,259
4) 1,577	14) 1,231
5) 1,974	15) 877
6) 1,688	16) 1,345
7) 1,326	17) 1,710
8) 2,493	18) 1,510
9) 1,496	19) 724
10) 2,433	20) 2,343

Assignment 34

1) 1,966	11) 1,119
2) 1,888	12) 1,853
3) 1,865	13) 1,403
4) 1,215	14) 2,417
5) 963	15) 1,769
6) 2,032	16) 1,458
7) 1,025	17) 1,342
8) 2,084	18) 2,222
9) 2,652	19) 2,021
10) 2,610	20) 1,285

Assignment 35

1) 474	11) 379
2) 289	12) 358
3) 391	13) 995
4) 296	14) 168
5) 764	15) 574
6) 350	16) 322
7) 483	17) 897
8) 589	18) 588
9) 362	19) 379
10) 163	20) 255

Assignment 36

1) 288	11) 896
2) 396	12) 256
3) 259	13) 198
4) 158	14) 289
5) 798	15) 346
6) 143	16) 296
7) 495	17) 387
8) 626	18) 326
9) 474	19) 484
10) 297	20) 880

Assignment 37

1) 256	11) 296
2) 882	12) 264
3) 376	13) 675
4) 187	14) 424
5) 370	15) 373
6) 218	16) 182
7) 567	17) 296
8) 161	18) 270
9) 232	19) 904
10) 899	20) 433

Assignment 38

1) 933	11) 519	21) 639	31) 809	41) 1,327	51) 760
2) 1,085	12) 359	22) 1,476	32) 675	42) 1,412	52) 1,423
3) 1,437	13) 987	23) 405	33) 808	43) 1,760	53) 1,158
4) 1,022	14) 1,394	24) 1,757	34) 1,109	44) 1,419	54) 1,361
5) 1,652	15) 624	25) 1,351	35) 1,120	45) 567	55) 810
6) 507	16) 1,165	26) 1,324	36) 1,219	46) 884	56) 647
7) 533	17) 959	27) 1,141	37) 1,169	47) 1,505	57) 1,148
8) 1,086	18) 1,182	28) 1,216	38) 695	48) 611	58) 792
9) 1,773	19) 618	29) 773	39) 783	49) 734	59) 1,060
10) 1,136	20) 1,074	30) 846	40) 906	50) 1,036	60) 1,197

Assignment 39

1) 616	11) 1,441	21) 942	31) 693	41) 1,534	51) 1,046
2) 847	12) 1,125	22) 1,487	32) 1,560	42) 1,718	52) 1,055
3) 1,142	13) 1,803	23) 1,170	33) 524	43) 1,160	53) 1,058
4) 1,157	14) 1,345	24) 1,230	34) 426	44) 762	54) 1,229
5) 648	15) 629	25) 960	35) 1,527	45) 1,729	55) 1,691
6) 1,167	16) 761	26) 871	36) 864	46) 1,465	56) 742
7) 1,525	17) 1,362	27) 1,192	37) 1,238	47) 592	57) 1,309
8) 393	18) 1,372	28) 1,299	38) 999	48) 1,493	58) 911
9) 1,472	19) 1,457	29) 1,027	39) 648	49) 1,003	59) 1,171
10) 1,118	20) 737	30) 526	40) 1,073	50) 709	60) 653

Assignment 40

1) 1	11) 2
2) 6	12) 4
3) 3	13) 0
4) 4	14) 8
5) 1	15) 1
6) 3	16) 5
7) 4	17) 7
8) 3	18) 1
9) 7	19) 3
10) 4	20) 5

Assignment 41

1) 1	11) 3
2) 8	12) 0
3) 2	13) 1
4) 3	14) 2
5) 5	15) 6
6) 2	16) 2
7) 2	17) 7
8) 5	18) 6
9) 3	19) 4
10) 2	20) 2

Assignment 42

1) 7	11) 1
2) 1	12) 2
3) 4	13) 9
4) 0	14) 3
5) 4	15) 3
6) 5	16) 1
7) 3	17) 5
8) 1	18) 0
9) 5	19) 3
10) 7	20) 4

Assignment 43

1) 1	11) 1
2) 5	12) 1
3) 1	13) 2
4) 4	14) 0
5) 0	15) 5
6) 3	16) 2
7) 1	17) 1
8) 1	18) 0
9) 3	19) 2
10) 2	20) 1

Assignment 44

1) 3	11) 4
2) 1	12) 1
3) 4	13) 3
4) 0	14) 0
5) 3	15) 2
6) 7	16) 2
7) 2	17) 1
8) 2	18) 3
9) 1	19) 1
10) 3	20) 1

Assignment 45

1) 5	11) 0
2) 6	12) 1
3) 3	13) 0
4) 2	14) 3
5) 0	15) 2
6) 2	16) 1
7) 4	17) 0
8) 1	18) 1
9) 2	19) 2
10) 3	20) 4

Assignment 46

1) 4	11) 5
2) 3	12) 4
3) 0	13) 1
4) 4	14) 0
5) 1	15) 4
6) 2	16) 2
7) 5	17) 8
8) 7	18) 3
9) 6	19) 3
10) 1	20) 5

Assignment 47

1) 3	11) 2
2) 1	12) 6
3) 8	13) 4
4) 4	14) 7
5) 1	15) 5
6) 2	16) 4
7) 6	17) 9
8) 2	18) 4
9) 3	19) 5
10) 3	20) 2

Assignment 48

1) 5	11) 2
2) 3	12) 6
3) 7	13) 0
4) 4	14) 3
5) 2	15) 3
6) 1	16) 7
7) 6	17) 1
8) 4	18) 7
9) 0	19) 2
10) 8	20) 4

Assignment 49

1) 1	11) 2	21) 2	31) 3	41) 8	51) 3
2) 3	12) 3	22) 2	32) 3	42) 3	52) 4
3) 1	13) 0	23) 1	33) 0	43) 2	53) 0
4) 4	14) 1	24) 0	34) 4	44) 5	54) 4
5) 3	15) 2	25) 2	35) 4	45) 1	55) 4
6) 0	16) 1	26) 4	36) 0	46) 7	56) 2
7) 2	17) 6	27) 6	37) 6	47) 7	57) 7
8) 3	18) 1	28) 0	38) 5	48) 5	58) 1
9) 8	19) 5	29) 6	39) 1	49) 2	59) 8
10) 5	20) 4	30) 2	40) 4	50) 7	60) 1

Assignment 50

1) 4	11) 3	21) 3	31) 3	41) 3	51) 2
2) 0	12) 0	22) 0	32) 0	42) 3	52) 5
3) 5	13) 1	23) 8	33) 3	43) 1	53) 6
4) 4	14) 4	24) 2	34) 3	44) 4	54) 5
5) 5	15) 0	25) 6	35) 2	45) 0	55) 4
6) 1	16) 1	26) 6	36) 1	46) 7	56) 5
7) 4	17) 2	27) 3	37) 0	47) 1	57) 6
8) 1	18) 7	28) 0	38) 2	48) 4	58) 1
9) 9	19) 2	29) 2	39) 7	49) 7	59) 1
10) 2	20) 2	30) 8	40) 4	50) 0	60) 5

Assignment 51

1) 11	11) 25
2) 16	12) 47
3) 33	13) 12
4) 13	14) 71
5) 81	15) 15
6) 45	16) 26
7) 42	17) 72
8) 31	18) 64
9) 52	19) 32
10) 43	20) 55

Assignment 52

1) 42	11) 35
2) 82	12) 22
3) 23	13) 81
4) 14	14) 33
5) 53	15) 64
6) 11	16) 28
7) 55	17) 12
8) 16	18) 63
9) 27	19) 46
10) 32	20) 25

Assignment 53

1) 15	11) 32
2) 49	12) 24
3) 86	13) 81
4) 16	14) 65
5) 47	15) 35
6) 53	16) 17
7) 25	17) 41
8) 13	18) 51
9) 79	19) 37
10) 73	20) 57

Assignment 54

1) 8	11) 46
2) 16	12) 36
3) 27	13) 6
4) 23	14) 67
5) 75	15) 15
6) 49	16) 69
7) 21	17) 48
8) 77	18) 58
9) 68	19) 29
10) 39	20) 47

Assignment 55

1) 27	11) 28
2) 76	12) 17
3) 49	13) 75
4) 9	14) 38
5) 48	15) 15
6) 78	16) 64
7) 47	17) 48
8) 7	18) 58
9) 19	19) 29
10) 68	20) 47

Assignment 56

1) 39	11) 26
2) 58	12) 18
3) 77	13) 74
4) 19	14) 56
5) 37	15) 29
6) 46	16) 7
7) 17	17) 39
8) 19	18) 49
9) 65	19) 28
10) 36	20) 47

Assignment 57

1) 33	11) 49
2) 19	12) 16
3) 26	13) 63
4) 28	14) 42
5) 15	15) 38
6) 24	16) 35
7) 13	17) 48
8) 35	18) 28
9) 33	19) 37
10) 27	20) 29

Assignment 58

1) 48	11) 20
2) 14	12) 41
3) 38	13) 15
4) 40	14) 24
5) 17	15) 32
6) 52	16) 35
7) 23	17) 16
8) 36	18) 22
9) 56	19) 53
10) 13	20) 12

Assignment 59

1) 39	11) 13
2) 12	12) 57
3) 25	13) 26
4) 39	14) 38
5) 43	15) 36
6) 56	16) 28
7) 27	17) 35
8) 45	18) 32
9) 28	19) 56
10) 38	20) 27

Assignment 60

1) 11	11) 20	21) 17	31) 31	41) 26	51) 66
2) 37	12) 23	22) 25	32) 26	42) 22	52) 77
3) 9	13) 5	23) 4	33) 3	43) 15	53) 43
4) 42	14) 61	24) 59	34) 33	44) 50	54) 69
5) 29	15) 16	25) 44	35) 52	45) 14	55) 52
6) 12	16) 71	26) 27	36) 41	46) 73	56) 18
7) 21	17) 35	27) 65	37) 63	47) 64	57) 70
8) 67	18) 13	28) 36	38) 7	48) 40	58) 28
9) 78	19) 51	29) 55	39) 60	49) 34	59) 79
10) 49	20) 39	30) 24	40) 38	50) 68	60) 8

Assignment 61

1) 11	11) 37	21) 20	31) 29	41) 21	51) 63
2) 28	12) 17	22) 71	32) 61	42) 50	52) 56
3) 72	13) 14	23) 54	33) 59	43) 8	53) 48
4) 49	14) 65	24) 58	34) 30	44) 43	54) 25
5) 9	15) 2	25) 62	35) 12	45) 86	55) 39
6) 52	16) 32	26) 56	36) 44	46) 24	56) 45
7) 41	17) 18	27) 23	37) 3	47) 36	57) 55
8) 19	18) 27	28) 47	38) 85	48) 40	58) 33
9) 6	19) 15	29) 22	39) 7	49) 38	59) 13
10) 26	20) 66	30) 87	40) 46	50) 16	60) 60

Assignment 62

1) 131	11) 259
2) 162	12) 347
3) 333	13) 123
4) 134	14) 711
5) 813	15) 415
6) 345	16) 264
7) 423	17) 742
8) 331	18) 643
9) 526	19) 323
10) 431	20) 555

Assignment 63

1) 842	11) 313
2) 722	12) 222
3) 233	13) 381
4) 114	14) 833
5) 533	15) 664
6) 212	16) 283
7) 653	17) 612
8) 165	18) 635
9) 227	19) 462
10) 532	20) 225

Assignment 64

1) 537	11) 334
2) 493	12) 243
3) 872	13) 817
4) 142	14) 642
5) 473	15) 353
6) 344	16) 164
7) 251	17) 415
8) 132	18) 516
9) 792	19) 371
10) 733	20) 573

Assignment 65

1) 79	11) 458
2) 186	12) 378
3) 267	13) 206
4) 128	14) 668
5) 747	15) 147
6) 488	16) 683
7) 241	17) 478
8) 377	18) 574
9) 678	19) 329
10) 388	20) 247

Assignment 66

1) 327	11) 277
2) 656	12) 417
3) 488	13) 749
4) 89	14) 377
5) 477	15) 587
6) 776	16) 378
7) 464	17) 74
8) 67	18) 558
9) 189	19) 239
10) 288	20) 178

Assignment 67

1) 389	11) 258
2) 578	12) 179
3) 769	13) 736
4) 183	14) 558
5) 365	15) 283
6) 454	16) 307
7) 168	17) 388
8) 189	18) 489
9) 646	19) 278
10) 376	20) 465

Assignment 68

1) 452	11) 590
2) 327	12) 148
3) 356	13) 442
4) 281	14) 120
5) 150	15) 373
6) 172	16) 295
7) 657	17) 167
8) 468	18) 764
9) 572	19) 461
10) 298	20) 192

Assignment 69

1) 594	11) 289
2) 191	12) 497
3) 572	13) 119
4) 441	14) 154
5) 280	15) 226
6) 163	16) 314
7) 409	17) 261
8) 174	18) 140
9) 381	19) 512
10) 217	20) 313

Assignment 70

1) 429	11) 249
2) 307	12) 677
3) 157	13) 130
4) 431	14) 263
5) 118	15) 445
6) 459	16) 362
7) 192	17) 169
8) 539	18) 27
9) 108	19) 661
10) 250	20) 315

Assignment 71

1) 89	11) 317	21) 215	31) 103	41) 269	51) 749
2) 371	12) 202	22) 223	32) 350	42) 175	52) 499
3) 108	13) 214	23) 40	33) 282	43) 159	53) 96
4) 420	14) 151	24) 635	34) 330	44) 491	54) 689
5) 317	15) 115	25) 656	35) 473	45) 59	55) 565
6) 84	16) 711	26) 204	36) 347	46) 748	56) 215
7) 192	17) 297	27) 641	37) 612	47) 658	57) 459
8) 616	18) 23	28) 414	38) 70	48) 346	58) 243
9) 753	19) 303	29) 451	39) 348	49) 447	59) 744
10) 508	20) 329	30) 168	40) 434	50) 833	60) 143

Assignment 72

1) 64	11) 396	21) 136	31) 100	41) 173	51) 683
2) 257	12) 187	22) 574	32) 602	42) 463	52) 523
3) 314	13) 103	23) 188	33) 562	43) 70	53) 443
4) 453	14) 613	24) 192	34) 381	44) 466	54) 249
5) 26	15) 294	25) 574	35) 164	45) 859	55) 380
6) 744	16) 373	26) 371	36) 457	46) 230	56) 485
7) 391	17) 548	27) 346	37) 29	47) 359	57) 549
8) 189	18) 170	28) 460	38) 804	48) 363	58) 156
9) 176	19) 149	29) 174	39) 106	49) 397	59) 93
10) 439	20) 686	30) 889	40) 450	50) 204	60) 618

Assignment 73

1) 3	11) 1
2) 13	12) 12
3) 2	13) 1
4) 15	14) 9
5) 1	15) 2
6) 8	16) 14
7) 6	17) 2
8) 8	18) 5
9) 4	19) 5
10) 13	20) 13

Assignment 74

1) 2	11) 2
2) 10	12) 15
3) 2	13) 2
4) 12	14) 16
5) 6	15) 5
6) 4	16) 14
7) 3	17) 5
8) 13	18) 10
9) 4	19) 3
10) 17	20) 2

Assignment 75

1) 3	11) 4
2) 7	12) 11
3) 1	13) 0
4) 9	14) 9
5) 1	15) 7
6) 11	16) 17
7) 7	17) 4
8) 13	18) 3
9) 3	19) 1
10) 11	20) 14

Assignment 76

1) 8	11) 6	21) 3	31) 0	41) 6	51) 1
2) 14	12) 13	22) 6	32) 9	42) 3	52) 14
3) 2	13) 3	23) 4	33) 2	43) 5	53) 2
4) 14	14) 9	24) 7	34) 13	44) 4	54) 7
5) 4	15) 0	25) 2	35) 1	45) 6	55) 7
6) 11	16) 8	26) 13	36) 13	46) 7	56) 5
7) 0	17) 8	27) 1	37) 4	47) 8	57) 6
8) 12	18) 6	28) 11	38) 6	48) 16	58) 12
9) 1	19) 2	29) 2	39) 3	49) 0	59) 6
10) 10	20) 15	30) 11	40) 17	50) 5	60) 12

Assignment 77

1) 2	11) 2	21) 4	31) 3	41) 3	51) 3
2) 8	12) 12	22) 11	32) 3	42) 10	52) 12
3) 3	13) 0	23) 5	33) 9	43) 3	53) 0
4) 5	14) 4	24) 6	34) 13	44) 12	54) 4
5) 2	15) 2	25) 4	35) 1	45) 0	55) 4
6) 10	16) 9	26) 14	36) 12	46) 8	56) 13
7) 6	17) 1	27) 1	37) 1	47) 0	57) 7
8) 16	18) 5	28) 6	38) 13	48) 11	58) 11
9) 3	19) 2	29) 1	39) 6	49) 7	59) 1
10) 10	20) 10	30) 11	40) 10	50) 11	60) 8

Assignment 78

1) 13	11) 31
2) 132	12) 72
3) 17	13) 41
4) 98	14) 39
5) 11	15) 12
6) 97	16) 94
7) 83	17) 42
8) 65	18) 95
9) 26	19) 59
10) 103	20) 183

Assignment 79

1) 12	11) 19
2) 80	12) 55
3) 30	13) 22
4) 82	14) 140
5) 16	15) 35
6) 34	16) 85
7) 53	17) 48
8) 95	18) 123
9) 24	19) 33
10) 77	20) 92

Assignment 80

1) 13	11) 16
2) 77	12) 91
3) 51	13) 51
4) 59	14) 109
5) 11	15) 3
6) 141	16) 97
7) 20	17) 36
8) 73	18) 73
9) 17	19) 42
10) 91	20) 174

Assignment 81

1) 65	11) 32	21) 21	31) 8	41) 35	51) 40
2) 74	12) 151	22) 45	32) 113	42) 52	52) 85
3) 63	13) 29	23) 14	33) 23	43) 16	53) 3
4) 84	14) 147	24) 91	34) 91	44) 117	54) 67
5) 5	15) 15	25) 79	35) 20	45) 4	55) 34
6) 70	16) 108	26) 101	36) 105	46) 98	56) 129
7) 17	17) 26	27) 11	37) 9	47) 70	57) 64
8) 107	18) 136	28) 36	38) 125	48) 130	58) 170
9) 55	19) 60	29) 78	39) 51	49) 52	59) 44
10) 64	20) 70	30) 89	40) 70	50) 102	60) 73

Assignment 82

1) 20	11) 54	21) 11	31) 86	41) 38	51) 12
2) 126	12) 107	22) 109	32) 105	42) 128	52) 32
3) 15	13) 49	23) 37	33) 13	43) 48	53) 8
4) 66	14) 111	24) 50	34) 92	44) 70	54) 111
5) 14	15) 6	25) 18	35) 63	45) 86	55) 22
6) 115	16) 135	26) 49	36) 81	46) 58	56) 136
7) 22	17) 62	27) 66	37) 55	47) 36	57) 3
8) 79	18) 124	28) 110	38) 102	48) 134	58) 108
9) 2	19) 72	29) 41	39) 60	49) 21	59) 59
10) 139	20) 159	30) 91	40) 146	50) 66	60) 153

Assignment 83

1) 138	11) 354
2) 1,327	12) 736
3) 151	13) 401
4) 1,058	14) 405
5) 137	15) 147
6) 973	16) 916
7) 829	17) 464
8) 715	18) 1,006
9) 259	19) 544
10) 1,057	20) 1,839

Assignment 84

1) 146	11) 191
2) 814	12) 528
3) 799	13) 203
4) 842	14) 1,593
5) 105	15) 368
6) 342	16) 808
7) 519	17) 443
8) 1,232	18) 1,268
9) 221	19) 293
10) 795	20) 933

Assignment 85

1) 122	11) 546
2) 828	12) 919
3) 511	13) 509
4) 602	14) 1,179
5) 82	15) 38
6) 1,397	16) 890
7) 217	17) 575
8) 770	18) 739
9) 169	19) 508
10) 704	20) 1,752

Assignment 86

1) 187	11) 97	21) 215	31) 82	41) 289	51) 732
2) 1,005	12) 704	22) 1,499	32) 701	42) 1,763	52) 1,630
3) 289	13) 217	23) 530	33) 319	43) 77	53) 109
4) 807	14) 1,401	24) 1,133	34) 1,424	44) 1,035	54) 1,165
5) 145	15) 775	25) 642	35) 428	45) 199	55) 559
6) 708	16) 1,305	26) 698	36) 901	46) 1,000	56) 1,172
7) 322	17) 67	27) 201	37) 584	47) 338	57) 697
8) 760	18) 1,012	28) 918	38) 1,384	48) 1,646	58) 557
9) 563	19) 355	29) 491	39) 362	49) 449	59) 341
10) 1,222	20) 1,336	30) 716	40) 958	50) 1,332	60) 1,445

Assignment 87

1) 259	11) 387	21) 196	31) 201	41) 266	51) 741
2) 623	12) 1,067	22) 1,311	32) 831	42) 1,454	52) 1,063
3) 424	13) 405	23) 188	33) 493	43) 133	53) 488
4) 1,209	14) 1,660	24) 1,714	34) 653	44) 895	54) 907
5) 628	15) 319	25) 555	35) 169	45) 419	55) 335
6) 1,007	16) 708	26) 1,104	36) 1,315	46) 749	56) 799
7) 382	17) 581	27) 275	37) 225	47) 359	57) 344
8) 501	18) 1,279	28) 601	38) 1,080	48) 1,291	58) 1,435
9) 178	19) 149	29) 373	39) 256	49) 437	59) 107
10) 1,307	20) 1,198	30) 943	40) 1,066	50) 1,130	60) 1,135

Made in the USA
Las Vegas, NV
03 October 2021